La Pomme d'Alan Turing

Du même auteur

Aux Éditions Héloïse d'Ormesson

Les Frères Rattaire, 2010. J'ai Lu, 2012.
Le Livreur, 2007.

Philippe Langenieux-Villard

La Pomme d'Alan Turing

Roman

Éditions Héloïse d'Ormesson

www.editions-heloisedormesson.com

ISBN 978-2-35087-237-7

J'aurais bien voulu qu'il y ait un roman, qu'il y ait un film sur Alan Turing, parce qu'il est à la fois le héros de la guerre et le héros de la paix, puisqu'il est le père des ordinateurs.

Michel Serres, 15 novembre 2009, France Info

En cette fin de printemps californien, la chaleur accable les élus de la municipalité de Cupertino qui entourent Steve Jobs. La visite du site où sera érigé le futur siège mondial d'Apple est interminable. Au cœur de la Silicon Valley, le terrain de soixante hectares désaffecté depuis le déménagement de Hewlett-Packard devrait abriter en 2015 ce que le patron du géant de l'informatique présente déjà comme « le plus bel immeuble de bureaux du monde ». Rien de moins.

En bras de chemise, le maire de la ville transpire. Un peu plus tôt, Steve Jobs a attaqué Gilbert Wong lorsqu'il s'est étonné de son intention de réintroduire trois mille abricotiers sur la parcelle.

– Vous avez quelque chose contre la végétation ? lui a lancé Steve Jobs.

– Au contraire, s'est repris le maire. J'avais simplement imaginé que vous planteriez plutôt des pommiers…

– Cela aurait été ridicule. Notre force, chez Apple, est de surprendre, a répliqué Steve Jobs.

Aujourd'hui, il est fatigué. Le cancer, contre lequel il est en guerre depuis plusieurs années, est en récidive. Pour combattre cet ennemi intérieur, sa volonté lui est d'un secours insuffisant. Il espère seulement pouvoir échapper quelques heures à la souffrance et profiter de ce moment. Il n'a plus peur de mourir, mais il voudrait inventer encore l'avenir. Ce siège social est l'ultime projet du fondateur génial d'une marque dont l'aventure a démarré dans un garage en 1976.

– Nous avons grandi comme une herbe folle, dit-il, songeur, à sir Norman Foster, l'architecte britannique de renom retenu pour diriger la réalisation du site. Le bâtiment que nous allons construire ici ne doit pas sortir de terre, mais atterrir comme une navette spatiale qui se poserait sur un champ. Et il y aura un verger. J'aime les arbres fruitiers, je préfère la culture utile à la culture décorative…

Le maire acquiesce. Il évite de préciser qu'il faut également prévoir un parking pour accueillir les douze mille futurs collaborateurs. Un bon acheteur est celui qui rêve de son acquisition, non celui qui garde à l'esprit les diverses contraintes afférentes.

La visite se poursuit. Steve Jobs a décidé de prendre son temps. Une hôtesse l'interrompt toutefois pour lui rappeler qu'il doit, dans vingt minutes, tenir une conférence de presse avec le maire. Il s'agit d'annoncer officiellement la décision d'Apple d'acquérir le terrain et d'y bâtir le siège de la firme.

– Oui, oui, je sais, murmure-t-il en hochant la tête.

Il se tourne vers le maire :

– Votre conseil municipal a bien conscience de tous les avantages que représente notre implantation ici ?

– Bien sûr, monsieur Jobs, s'empresse de répondre le premier magistrat. Et la population de Cupertino est d'autant plus heureuse qu'elle bénéficiera ainsi de la wi-fi gratuite.

– Sérieusement ? La commune ne se réjouit-elle pas plus encore des taxes qu'elle va percevoir ? Nous sommes le plus gros contribuable de la ville… Vous savez, monsieur le maire, il n'y a aucune honte à parler d'argent. Tenez, moi, je n'oublie pas qu'en 1976, j'ai vendu mon minibus pour fabriquer l'Apple 1. Cet ordinateur individuel était commercialisé au prix de 666,66 dollars…

Le regard de Steve Jobs est lumineux. Son passé le happe : les discussions infinies entre copains prêts à conquérir l'Amérique ; son ami Steve Wozniak, alors aussi barbu et hippie que lui, dansant autour de leur première machine… Une révolution de l'ordinateur personnel, dont le fonctionnement repose sur une carte mère.

Sous une tente truffée de caméras, de micros, de lumières, se succéderont au pupitre Gilbert Wong, Steve Jobs et Norman Foster. La presse a envoyé le ban et l'arrière-ban de ses rédactions. Chacun sait que la vedette du jour sera ponctuelle, visionnaire, ambitieuse et déterminée. La véritable préoccupation des journalistes concerne en réalité l'état de santé du patron d'Apple. Ses cernes, le grain de sa peau, sa corpulence retiendront plus encore leur attention que la présentation de la maquette du nouveau campus. On est venus – pourquoi le nier ? – voir un homme en fin de vie.

Steve Jobs n'est pas dupe. Il n'ignore rien du monde de l'information, des règles impitoyables du marketing, et de la curiosité humaine. D'ailleurs, il a jusqu'ici su en jouer… Le packaging – l'emballage, la forme, la couleur – des objets qu'il met sur le marché doit attirer davantage encore que l'appareil lui-même.

– L'apparence est primordiale, le laid se vend mal, a-t-il toujours répété à ses équipes.

Le choix du nom et du logo de sa marque avait été le fruit d'une longue réflexion. Il avait d'abord rejeté l'idée d'un simple poisson, clin d'œil à la naissance de sa société un 1er avril :

– Nous ne vendons pas une blague, avait-il tranché.

Sa femme lui avait suggéré de juxtaposer les initiales des deux premiers associés, Jobs et Wozniak : « J.W. »

– Non ! Je ne veux pas rajouter une ligne au dictionnaire des abréviations, s'était-il exclamé. Ce livre, redoutable d'ennui, obstruerait déjà à lui seul la mémoire de mon ordinateur.

Steve Jobs se replonge dans les quelques notes de son intervention. Il les a bien sûr apprises par cœur. Car l'improvisation, il ne cesse de le répéter, suppose un énorme travail de préparation. Dans dix minutes précises, il prendra la parole, habillé de noir, comme d'habitude. Le respect de rituels, de codes, est le prix à payer pour se forger une image.

Gilbert Wong parcourt discrètement les feuilles de son discours. Sir Norman Foster, qui a pourtant déjà rénové avec succès le Reichstag de Berlin et conçu la tour cornichon de Londres, a les mains moites d'angoisse. Steve Jobs, lui, est serein. Il ne laisse la place ni au hasard, ni à l'imprévu, ni à l'émotion. Être professionnel, c'est être mécanique.

Bientôt, le nom officiel du siège sera dévoilé. Steve Jobs garde en mémoire l'échange qu'il avait eu à ce sujet avec Wozniak, lorsqu'il avait fallu décider d'un nom pour leur marque.

– Bon, bien sûr, le nom a son importance, avait alors concédé Wozniak. Mais tu sais, j'ai rencontré des personnes qui s'appelaient Madeleine et ne pleuraient pas, des Ève très pudiques, des

Aimé franchement détestables, des Innocent qui ne l'étaient pas ! s'était-il exclamé en riant.

– Tu ne peux pas comparer le nom que des parents donnent à un nourrisson qui va devenir adulte avec celui que l'on attribue à un objet fini.

Wozniak avait haussé les épaules, comme pour s'incliner devant l'argument de Jobs si soucieux d'avoir toujours le dernier mot.

L'assistance se tait sans même qu'il soit besoin de solliciter son silence : l'arrivée du patron emblématique d'Apple, sous le crépitement des flashes, suffit à interrompre les bavardages.

Télécommande en main, Jobs présente les plans du futur siège. Il a voulu quelque chose de lisse, de circulaire, d'harmonieux. L'image prime sur le bien-être. Aucune fenêtre ne pourra s'ouvrir, afin que ne soient jamais brisées les courbes et l'unité du bâtiment. Puis il en révèle le nom : « Nuage ».

– Il sera léger, puissant, planétaire. Un nuage pourvoit la nature en eau et évolue selon les vents. Il symbolise autant l'utile que l'imprévisible. Dans certaines régions du monde, il est un signe de vie, une promesse d'espoir et de fertilité.

Norman Foster lui succède à la tribune. Il a choisi de raconter plusieurs anecdotes qui révèlent davantage les obsessions de son client que la difficulté de sa tâche. Il conclut son intervention en évoquant les contraintes de son métier :

– C'est à l'architecte d'effacer toutes les contradictions qui naissent de la lutte entre l'esprit et la matière.

Les journalistes sourient.

Après s'être réjoui d'une implantation industrielle qui fera de Cupertino la capitale mondiale de l'intelligence, le maire se tourne vers Steve Jobs et l'interpelle avec un large sourire :

– Vous mériteriez de recevoir la médaille de la ville. Mais que feriez-vous d'un morceau de bronze ? Nous avons eu l'idée d'un cadeau plus personnel et plus original.

Il remet alors à Steve Jobs l'édition originale d'un livre épuisé, intitulé *Alan M. Turing*. L'ouvrage est paru aux Presses universitaires de Cambridge en 1959, sous la plume d'Ethel Sara Turing, la mère du génial mathématicien britannique.

1

JE ME NOYAIS DANS LES EAUX TROUBLES DU PORT. Un lourd poids attaché à mon pied droit m'empêchait de me maintenir à la surface. Dans l'obscurité glaciale, je me débattais contre la coque d'un bateau. J'allais périr. En réalité, on frappait à ma porte. Les coups insistants m'ont délivrée des eaux et de cet épouvantable cauchemar.

Sitôt sortie du lit, j'ai enfilé la robe de chambre que mon fils m'avait offerte pour Noël. J'ai crié que j'arrivais, vérifié que j'étais présentable. Mon salon était en ordre, comme toujours. J'ai ouvert la porte.

Ils étaient trois, avec leurs uniformes de policiers, noirs, repassés et sévères, leurs casquettes à la main. Qu'ils se soient déplacés à plusieurs n'était pas bon signe. Avait-on cambriolé un voisin ? Recherchait-on un homme dangereux ?

– Vous êtes bien Ethel Turing, la mère d'Alan Turing ? m'a demandé l'un d'eux.

J'ai acquiescé.

Et j'ai compris à l'instant même. Nous étions un mardi. Le 8 juin.

À mon âge, la mort n'est plus une surprise. La plupart de mes amies sont fatiguées. Les autres ont déjà disparu. Ma génération s'éteint. J'ai appris à accepter l'absence au monde de ceux qui ont partagé mon existence. La guerre, la maladie, l'âge ont eu raison de nos rires et de nos colères. Nos promesses d'enfant et nos renoncements d'adulte sont loin.

– Nous avons une pénible nouvelle à vous annoncer, a dit le plus petit d'entre eux en évitant mon regard.

Je leur ai fait signe de me suivre dans le salon. Ils sont restés debout.

– Il s'agit de votre fils Alan, a poursuivi le policier. Nous l'avons découvert ce matin, inanimé. Un de ses amis est venu lui rendre visite dans la soirée. Il a tambouriné contre sa porte, en vain. Il s'est inquiété et nous a alertés. Nous nous sommes rendus aussitôt à l'adresse qu'il nous a indiquée, mais il était déjà trop tard.

Mon cœur s'est serré. Ma respiration s'est accélérée. J'ai fermé les yeux. Je me suis tassée dans mon fauteuil, muette. Je n'avais pas la force de poser la moindre question. Tout devenait flou autour de moi. Les trois policiers étaient toujours là, à attendre que je les interroge ou que j'éclate en sanglots.

À quoi bon en savoir davantage? ai-je d'abord pensé. Leur silence me protégeait, il me tenait compagnie.

– Je l'aime, mon Alan, vous savez, ai-je murmuré.

L'aveu les a gênés. Ils ont hoché la tête comme les chevaux d'un manège.

– Nous comprenons, madame, a rétorqué l'un d'eux. En tout cas, il n'a pas souffert.

Je me suis levée brusquement et je les ai regardés droit dans les yeux :

– Ah bon ! Il n'a pas souffert ? Mais au nom de quoi pouvez-vous m'affirmer cela ? Sa vie n'a été qu'un long supplice. Toute sa vie…

Je me suis rassise.

– Nous comprenons, madame, a soufflé celui qui semblait le plus sympathique.

Le silence s'est prolongé. Puis ils m'ont proposé de passer dans l'après-midi à la morgue pour voir le corps de mon fils.

Ils m'ont laissé une adresse.

Ils ne savaient pas trop comment conclure leur pénible mission.

– Nous sommes désolés, a conclu le petit.

Et ils sont partis.

2

Enfin, il distingue l'arrivée, au bout de cette avenue qui est la dernière ligne droite. Depuis plusieurs kilomètres déjà, il n'est qu'une machine. Ses crampes et ses asphyxies sont devenues ses compagnes d'infortune, et peut-être de gloire, s'il termine le premier. Il peut gagner. Ce ne serait pas la première fois. Comme toujours, cela dépend de lui, mais aussi de l'autre, qui se trouve derrière. Mais à quelle distance ?

« Ne pas lâcher ! » se répète-t-il avec fermeté.

Ça tire, ça brûle, ça coince, ça chauffe. Les jambes, la gorge, les yeux, tout souffre, tremble et transpire. Va-t-il tenir ? Il court, grimace, serre les poings. Ses yeux sont voilés de sueur, les couleurs se mélangent, les formes se confondent, les clameurs deviennent de plus en plus confuses. Où est-il ? Que fait-il ? Il va tomber ! Il s'écroule. C'est fini.

Le voilà à terre, juste après avoir franchi la ligne. Il vient de gagner.

« Alan Turing, futur champion olympique ? » titre le journal sportif du lendemain matin. Le quotidien, admiratif de la performance, écrit : « Membre du Walton Athletic Club, Alan Turing a remporté hier l'épreuve de marathon en deux heures et quarante-six minutes. L'athlète, âgé de 37 ans, progresse d'année en année. Il n'est plus, en cet été 1949, qu'à douze minutes du record mondial établi lors des jeux Olympiques de Londres, le 7 août 1948, par l'Argentin Delfo Cabrera. » Et d'ajouter : « C'est l'un de nos meilleurs espoirs dans cette discipline. Il allie une énergie rare à une grande force mentale. » Dans une interview, le champion déclare, sous une photo où il sourit à pleines dents, une main dans ses cheveux en bataille, portant fièrement son numéro de dossard épinglé sur un maillot blanc :

– J'aime courir depuis l'enfance. Je battais déjà mon frère John pourtant plus âgé que moi de deux ans. En course à pied, j'étais parmi les plus rapides de mon école. En sprint, je ne brillais pas vraiment, mais dans les épreuves d'endurance, j'étais souvent sur le podium. J'ai toujours aimé sentir l'effort de mes muscles. J'ai besoin de mettre ma volonté à l'épreuve. Je m'entraîne tous les jours. La répétition, c'est la promesse d'une certaine facilité d'exécution. Je gagne ainsi un mètre ou une seconde sans ressentir davantage de douleur, les crampes sont même plus rares. Cet exercice quotidien me donne aussi un accès inattendu à mon monde intérieur. Être fort pour être libre, voilà ce à quoi chacun doit aspirer, j'en ai la conviction.

– Espérez-vous participer aux prochains jeux Olympiques? lui demande le journaliste.

Alan répond, sans paraître surpris par la question :

– Je ne m'interdis rien. Je suis en bonne santé. Le sport est indispensable à mon équilibre personnel. Si je peux allier ce plaisir à des performances de haut niveau, tant mieux!

Alan Turing, ajoute le journaliste, est un champion complet. En 1935, il s'était illustré dans l'équipe d'aviron de Cambridge en quatre barrés, à l'occasion de la célèbre Boat Race où son embarcation a remporté la course devant l'équipe d'Oxford pour la quarante-cinquième fois en quatre-vingt-cinq rencontres : une prouesse, sur cette Tamise remontée à contre-courant chaque année par les deux grandes universités, entre Putney et Mortlake, cette fois-là en vingt et une minutes et six secondes. Ce n'est pas un temps record, mais dans cette épreuve, c'est le classement qui compte.

Déjà Alan Turing avait fait parler de lui en 1926, en première page d'un quotidien local. Il n'a en effet que quatorze ans lorsqu'il rejoint son collège de Wescott depuis Southampton à vélo, le jour de la rentrée scolaire. Le jeune élève a avalé au sprint les quatre-vingt-dix kilomètres qui séparent les deux villes pour arriver à temps à son école. Cette performance lui a été imposée par une grève de train. Il ne voulait pas se faire remarquer dès la première heure de classe : un pari raté mais un exploit réussi !

Ce que le journaliste ne précise pas, c'est que ce champion est aussi et d'abord un génie des mathématiques. Issu d'une mère irlandaise et d'un père né en France, il s'est déjà et surtout imposé comme l'une des plus grandes et des plus mystérieuses intelligences de la première moitié du vingtième siècle. L'athlète qui vient de gagner la course sous les hourras des membres de son club est autant redouté dans les laboratoires universitaires qu'il est craint sur les pistes en cendrée. Le vainqueur prêt à raconter en détail à ses supporters la course qui s'achève est aussi l'homme pointilleux et d'apparence taciturne dont la communauté scientifique se méfie et conteste certains travaux.

L'auteur de l'article de presse oublie enfin que ce coureur aux jambes longues et au souffle puissant fut avant tout un héros des temps de guerre, l'un des citoyens anglais dont l'action a été jugée déterminante pour la victoire des Alliés. Il faut dire que le champion du jour aspire à protéger ce secret de toutes les curiosités et que les faits remontent à plus de quatre ans… Une éternité, quand un pays veut tourner la page. Un détail, dans une société où la valeur des hommes tient davantage à ce qu'ils peuvent encore apporter qu'à ce qu'ils ont déjà accompli.

3

J'ai attendu que son frère soit avec moi pour rendre une dernière visite à Alan. Je me suis habillée de mon mieux. Je voulais lui faire honneur. Robe sombre, corsage blanc, chaussures à talons. Seule, je crois que je n'aurais pas eu la force d'aller jusqu'à la morgue. C'est un bâtiment sinistre, gris, aux fenêtres sales, qui semble à l'abandon, perdu entre un boulevard et une voie ferrée : un silence au cœur du bruit. Des barreaux protègent les ouvertures comme pour interdire aux morts de s'échapper. On est reçu avec courtoisie, à voix basse, sans surprise, sans émotion, sans délais. Le drame est la routine, ici. On vous accompagne jusqu'à une porte pleine, sans numéro ni nom. J'imagine que c'est un peu comme au parloir dans une prison.

Nos chagrins se tenaient côte à côte, en silence. Quels mots auraient pu soulager notre malheur ? Avant d'entrer dans la pièce où reposait Alan, j'ai dit à John : « J'ai mal » et il m'a répondu : « J'ai peur. » C'est tout. Avec nos émotions souterraines, nous étions là, anxieux des minutes à venir. L'impatience et l'émotion se lisaient dans nos regards.

Depuis quelques années, John et Alan ne se rendaient que rarement visite. Ils ne partageaient pas les mêmes préoccupations.

Ils avaient grandi dans la complicité, mais avaient vieilli dans l'éloignement. Petits, leurs différences s'effaçaient derrière des vêtements uniformes. Plus tard, devenus adultes, seul leur nom de famille témoignait d'une parenté. Ils ne vivaient pas la même vie. Entre l'homme marié et le célibataire, le bavard et le taiseux, le juriste et le mathématicien, les occasions d'échanges s'étaient progressivement espacées, sans jamais se rompre tout à fait. Cependant, John était l'aîné et considérait toujours son petit frère comme son protégé.

Pour moi, John a toujours tenu Alan par l'épaule, comme sur cette vieille photo où ils sourient à l'objectif, assis côte à côte sur un banc public.

Je me suis approchée du corps d'Alan, posé sur un marbre aussi blanc que les draps d'un lit d'enfant. Il semblait juste endormi, comme s'il pouvait se réveiller d'un instant à l'autre. C'était bien mon fils, avec un visage apaisé. Ses jolies mains protégeaient sa poitrine. Je lui ai parlé tout doucement, sans pleurer. Derrière ses paupières closes il m'entendait, j'en étais sûre. Sans l'intervention d'un homme en blouse qui m'a fait comprendre que le temps de visite était dépassé, je crois que j'aurais pu rester là des heures et des heures. Nous étions ensemble pour la dernière fois. Je l'ai embrassé, comme lorsqu'il était petit garçon et qu'il me demandait de lui raconter une histoire. Enfant, il posait sans cesse des questions compliquées ou surprenantes. Pourquoi une flaque d'eau faisait miroir, ou comment les vagues revenaient sans cesse vers la plage. Il évoquait souvent l'au-delà, et pensait que le soleil était l'enfer; la lune, le purgatoire; le ciel, au-dessus des nuages, le paradis. À huit ans, il m'avait demandé :

– Maman, tu crois que je mourrai jeune?

– Ce n'est pas une question d'enfant ! avais-je répliqué froidement.

J'avais sans doute été maladroite ce jour-là : il m'aurait fallu le rassurer… J'aurais dû lui répondre que non, un enfant, ça meurt toujours très vieux et après ses parents.

Mais tout cela date d'il y a longtemps, lorsque cette évidence était une vérité. C'était avant cette maudite nuit du 7 juin 1954.

Je suis sortie glacée de cet hôtel des morts, malgré la tiédeur du début d'été. L'image de mon enfant endormi pour toujours m'obsédait. Je l'avais trouvé beau et calme. Ses cheveux châtains étaient bien peignés, avec la raie sur le côté gauche, comme d'habitude. Sa fine bouche ne s'ouvrirait plus sur de belles dents blanches qui lui donnaient un si charmant sourire. Non, je ne verrais plus ses fossettes se creuser ou s'effacer selon son humeur. J'étais encore un peu plus seule, un peu plus inutile, un peu plus vide que les jours précédents.

En me quittant, John m'a embrassée et m'a serrée très fort dans ses bras. Cela m'a fait du bien. Il n'avait pas l'habitude de telles effusions, contrairement à Alan, qui était beaucoup plus affectueux. John m'a proposé de venir dormir à la maison quelques jours. J'ai décliné l'offre. Je ne voulais pas lui imposer une humeur fragile. C'est sans doute une question d'éducation : j'estime qu'une mère doit protéger ses enfants, et non l'inverse. John s'est toutefois proposé pour m'aider dans toutes les démarches à entreprendre auprès des différentes administrations. Il est notaire et, dans ces circonstances, c'est un métier précieux. Sans lui, je crois que je n'aurais pas su faire face à tout ce malheur et à toutes les complications qu'il engendre.

Nous avons enterré Alan.

Le rendez-vous était directement fixé au cimetière. Aucune messe ne fut célébrée. Alan n'aimait pas les cérémonies, et l'Église, de toute façon, ne voulait pas entendre parler des suicidés. En outre, comme beaucoup de savants, Alan ne savait plus très bien si Dieu existait. Il disait que la religion oblige à croire, alors que la science pousse à savoir. Et que l'une était incompatible avec l'autre.

J'ai songé à demander malgré tout une prière. L'Église a pour mission de dire au revoir à ceux qu'elle a baptisés. Que le tué soit peut-être aussi le tueur ne change rien à l'affaire. D'ailleurs, les prêtres accompagnent bien les condamnés à mort jusqu'à l'instant de leur exécution…

Mais il fallait prendre rendez-vous, s'expliquer, convaincre un prêtre des doutes qui entouraient encore la disparition d'Alan, rappeler que le suicide n'était pas officiellement prouvé. Je manquais de forces pour tout cela et le temps pressait pour l'inhumation. De toute façon, il fallait accepter la pire des vérités : Alan avait perdu la vie.

Nous n'étions que quelques-uns autour du cercueil : John et moi, bien sûr, mais aussi le professeur von Neumann, d'anciens collègues de bureau qui se sont présentés à nous, ainsi que plusieurs personnes dont j'ignorais qui elles étaient. Alan avait son jardin secret. Cet ultime rendez-vous était l'occasion de le comprendre davantage. Certains visages inconnus se sont rapprochés de nous. « Alan a travaillé, ri, chanté et parlé avec eux, ai-je pensé. Peut-être même les a-t-il aimés… » J'aurais voulu leur parler, tout en ayant conscience que ce n'était pas le meilleur moment ni l'endroit le plus propice. Un cimetière est un lieu de séparation, et non un parc de rencontre.

J'avais commandé un magnifique bouquet de pâquerettes blanches. Ce sont des fleurs simples que l'on trouve partout. Alan, qui les avait beaucoup observées dans sa jeunesse, m'avait convaincue, un jour, qu'on avait tort de mépriser ces plantes banales et populaires :

– Elles sont plus sensibles qu'on ne le croit, m'avait-il affirmé. Elles se ferment la nuit et s'épanouissent au soleil. Si on les observe bien, elles prédisent la pluie dont elles se protègent en se rétractant avant qu'elle ne tombe.

J'espère qu'il a apprécié mon choix, où qu'il soit désormais.

J'ai trouvé l'assistance très recueillie. Il n'y avait pas beaucoup de couples. Les gens se connaissaient mal les uns les autres. Alan compartimentait ses amitiés. En tout cas, personne n'était venu faire des mondanités : seuls les vrais amis étaient rassemblés.

L'un d'eux semblait particulièrement affecté. Il était jeune, grand et assez beau. Sans doute était-ce le garçon qui avait donné l'alerte le lundi soir. Il est parti tout de suite, une fois le cercueil en terre. Avait-il honte ? Avait-il peur ? Avait-il mal ? Les autres ont pris le temps de nous saluer. Embrassades et baisemains, condoléances, larmes ou sourires : chacun a pris congé à sa manière.

– Je vous écrirai, madame, m'a promis le professeur von Neumann en m'embrassant.

Une fois l'assemblée dispersée, j'ai demandé à John de me laisser et je me suis retrouvée seule, recroquevillée sur ma peine. Le temps était radieux et cela m'a fait plaisir pour Alan. J'étais contente que le soleil le salue aussi. Je trouvais qu'il avait mérité ce rayon venu de là-haut, parce qu'on lui devait bien davantage qu'un regroupement confidentiel, fût-il affectueux. Ce qu'il avait fait pour notre pays aurait mérité plusieurs couronnes, des dizaines de messages et bien des témoignages de reconnaissance officielle. Alan était un héros, et pas seulement à mes yeux !

Mais voilà : il en est de nos vies comme d'une pièce de théâtre. Dès que le rideau se baisse, le public s'éparpille, les belles répliques s'évaporent et le quotidien reprend ses droits : on oublie les acteurs et le texte.

Malgré son jeune âge et son talent, mon fils disparaissait lui aussi. L'indifférence succédait à l'émotion.

Certains jaloux avaient contesté depuis des années le titre flatteur de héros qu'il avait obtenu pendant la guerre : « On n'est pas un héros quand on a juste accompli sa mission », affirmaient les uns. « Turing n'a jamais eu peur puisqu'il n'est pas monté au front : où est donc ce courage qui ferait de lui un personnage exemplaire ? » suggéraient d'autres. « C'est lui que le Royaume a décoré après la guerre, mais il n'était pas seul à agir », concluaient de mauvaises langues.

Le temps avait déjà érodé les mémoires et les faits. Alan souriait de ces débats sans preuves. « Ne compte jamais sur les autres pour donner une interprétation positive de tes gestes », m'avait-il écrit un jour où je lui confiais mon irritation d'entendre tant de sottises.

Aujourd'hui, tout le monde se tait. On ne le juge plus. Il est en paix. Ses amis savent ce qu'ils lui doivent. Quant à ses détracteurs, ils sont obligés de lui rendre hommage, parce que mourir à quarante-deux ans, ce n'est pas dans l'ordre des choses. Surtout quand on n'est pas malade. Surtout quand on n'est pas dans le besoin. Surtout lorsqu'on a réussi. Mais Alan a toujours agi à sa façon…

4

JULIUS, LE PÈRE D'ALAN, ne comprend pas que le second de ses garçons ne s'amuse pas comme tous les enfants de son âge au criquet ou au gendarme et au voleur. Difficile de sortir ce gamin de ses calculs, de ses expériences et de ses rêveries.

– Ça suffit comme ça, Alan ! Un de ces jours, la maison va sauter, et toi avec !

– Ne t'inquiète pas, papa. J'essaie juste de mélanger du charbon avec du salpêtre. Ce n'est pas dangereux. Je tente des assemblages de matières. Pour le moment, ça ne donne rien. Il me faudrait du soufre pour fabriquer un pétard, et je n'en ai pas… Alors, où est le risque ?

Julius retourne dans son jardin soigner ses fleurs en maugréant. Comment fait-on pour obliger un enfant de quinze ans à jouer avec les autres ? « Pourquoi est-il si différent de moi lorsque j'étais petit ? » s'interroge Julius, qui n'est pas fin psychologue.

Il a lui-même ses soucis. Il sait qu'il n'est pas un père exemplaire. Sa vie professionnelle est chaotique. Sa vie familiale est un désastre. Il préfère éviter une discussion de fond avec un fils qui pourrait bien le juger. Pourquoi engager un débat qu'il ne saura pas achever ? D'autant qu'Alan n'est pas un enfant facile. Il pense toujours avoir raison et prend les conseils des adultes pour des punitions.

– Tant que tu ne te casses rien et ne te blesses pas, c'est l'essentiel… concède-t-il une nouvelle fois à son fils cadet.

Pour ses dix ans, Julius a offert à Alan *Le Livre des merveilles naturelles que tout enfant devrait connaître* d'Edwin Tenney Brewster. Dans son avertissement, l'auteur expose ses objectifs : « Il s'agit d'amener les enfants de huit à dix ans à se poser cette question : Qu'ai-je de commun avec les autres êtres vivants ? »

Manifestement, Alan a bien lu l'ouvrage. Il a compris la différence entre la poule et l'œuf, entre le singe et l'homme. Et il a aussi découvert qu'un gaucher n'est pas moins fort qu'un droitier, ou encore que le travail de l'esprit offre des perspectives considérables à celui qui s'y consacre.

– Je ne suis pas comme les autres, tout simplement parce que je ne le veux pas, objecte-t-il désormais en permanence.

Ce livre a-t-il ouvert à Alan les portes de l'insolence, lui a-t-il donné une confiance excessive dans ses capacités ?

Un jour, Alan passe l'après-midi avec le père de son camarade Victor, un homme qui vient d'inventer des lampes avec des bandes électriques de réflexion à incandescence. L'ingénieur veut lancer un nouveau système qui illuminerait de manière uniforme les tableaux ou les affiches publicitaires. Autant dire qu'il s'agit d'une révolution, sinon de la lumière, du moins de l'éclairage.

– Pour obtenir ce que vous souhaitez, il suffit de déterminer l'angle de courbure à donner à la lentille, analyse Alan en précisant que l'épaisseur du verre aura aussi une influence sur la qualité et l'intensité de l'éclairage.

M. Beuttell prend des notes. Les suggestions d'Alan sont pertinentes.

– Vous allez rentrer dans l'histoire de l'électricité ! lui promet l'ingénieur qui pense gagner beaucoup de temps dans ses travaux grâce aux remarques d'Alan.

Ce dernier sourit et remercie, mais rectifie le compliment entre ses dents :

– Non, je vais rentrer dans l'histoire, tout court…

Si son père avait surpris cette arrogance, il l'aurait sûrement giflé !

Sur les terrains de football, Alan ne joue pas au ballon avec ses coéquipiers : il analyse la manière dont poussent les pâquerettes.

– C'est incroyable, s'énerve l'entraîneur, au lieu de chercher à mettre des buts, Alan étudie la distance d'une fleur à l'autre !

La sanction tombe : il ne fait plus partie de l'équipe.

– Ouf ! soupire-t-il.

Car son caractère ne s'accorde pas au jeu d'équipe.

– Mais que fera-t-on de toi ? se désole Julius.

– Tout sauf un footballeur ! répond fièrement Alan. C'est idiot d'écraser le gazon pour pousser un ballon au lieu d'essayer de comprendre la logique de la terre et de laisser pousser les fleurs, ajoute-t-il, laissant son père sans voix.

Tout petit, alors qu'il ne sait pas encore lire, il scrute déjà avec beaucoup d'attention et de méthode les numéros inscrits sur les lampadaires publics. Pour quoi faire ? Alan n'en sait rien. Mais les chiffres l'intéressent bien davantage que les mots.

Il enterre aussi des petits soldats cassés en espérant qu'ils repousseront entiers et se désespère de l'insuccès répété de son expérience.

– Un jour, ça marchera, trépigne-t-il.

Et sa colère fait fuir ses copains… Mais c'est plus fort que lui.

– J'ai un fils entêté comme personne, se lamente Julius.

– Il tient cela de toi, réplique sa femme, provoquant une énième scène conjugale.

L'ambiance familiale est lourde. Chacun suspecte l'autre de ne pas le comprendre et de ne pas le soutenir. John s'échappe aussi souvent qu'il le peut. Julius aime la bouteille. Ethel pleure. Alan s'enferme dans des calculs insensés, terrifié par les disputes de ses parents.

Il lui arrive de courir jusqu'à sa chambre, et d'aller se réfugier sous ses couvertures pour ne pas assister aux scènes de plus en plus fréquentes auxquelles ils se livrent. Il juge son père brutal. « La puissance d'une voix ne promet pas la justesse des paroles », note-t-il à ce propos dans un cahier vert qui le suivra toute sa vie.

Le couple ne résiste pas à ses crises.

– J'ai été élevé comme dans un poulailler : à heures fixes, sans attention particulière mais sous surveillance permanente, expliquera plus tard Alan à des amis.

Chaque jour il s'évade un peu plus loin dans un monde abstrait que personne ne peut comprendre. C'est sa façon de se mettre à l'abri. Dans son cahier vert, il note ses pensées et ses inquiétudes, ses victoires et ses déboires. Ce bloc de feuilles devient son seul confident, son véritable ami, qu'il cache au regard des autres. Il l'annote dès qu'il en a envie, et surtout quand ça va mal. « J'aimerais être celui qui fait rire. Je suis celui dont on rit », constate-t-il, amer, dans ses premières confidences d'adolescent. Il pleure en cachette et en silence dans sa chambre.

Le petit bonhomme dont on se moque au collège parce qu'il est habillé n'importe comment, l'élève que ses copains surnomment *math brain* parce qu'aucun calcul ne lui résiste, cause bien des soucis à ses professeurs. Que fera-t-il plus tard ? De quoi est-il vraiment capable ? Quelle carrière peut espérer un garçon aussi imprévisible ? Ses notes ne traduisent aucun progrès et trop de lacunes dans de nombreuses matières. Alan est-il vraiment fait pour les études ? Et puis, le vélo et la course à pied, ces deux sports auxquels il consacre tant de temps, n'assurent pas la carrière d'un homme.

– Je voudrais être médecin, explique-t-il un jour à sa mère, qui l'interroge sur son avenir.

– Pour cela, tu devras être fort en physique, en chimie et en mathématiques, lui répond Ethel que cette perspective professionnelle rassure : voilà un métier dont on peut vivre, l'aboutissement réussi d'une éducation.

Mais Alan parle-t-il sérieusement ? La jeunesse n'est-elle pas l'âge de tous les possibles ?

L'année scolaire s'achève. L'heure de vérité va sonner. À la surprise des professeurs de l'établissement, de ses parents et peut-être de lui-même, Alan est bachelier. Ce diplôme est obtenu sans gloire et avec une appréciation mitigée de l'examinateur de mathématiques : « Cet élève fait preuve d'une remarquable aptitude à relever les points les moins évidents qu'il convenait de discuter. Il sait découvrir des méthodes permettant d'abréger ou de mettre en lumière des solutions. Mais il manque de la patience nécessaire à des calculs soignés et son écriture est tellement épouvantable que cela lui fait perdre beaucoup de points, soit parce que son travail est illisible, soit parce que le fait de ne pouvoir se relire lui-même l'a conduit à commettre des erreurs. Ses dons pour les mathématiques n'ont pas tout à fait suffi à compenser ces défauts. »

– Était-ce un devoir de mathématiques ou un devoir de calligraphie ? fulmine Alan en haussant les épaules.

Il n'apprécie pas les critiques sur l'accessoire. En vérité, il ne supporte aucune remise en cause, jamais ! C'est l'un de ses traits de caractère. La moindre observation l'irrite et provoque parfois de terribles colères. Il n'émet pas d'injures, contrairement à son père, et ne hurle pas, mais il peut s'enfermer des jours durant dans un mutisme absolu, ou encore renverser à terre son bureau et tout ce qu'il contient.

Pour faire bon équilibre, il déteste aussi les récompenses et les flatteries. « Ceux qui vous admirent sont des faibles qui cherchent juste à vous copier », note-t-il dans son cahier, un soir où il a reçu une médaille sous l'œil jaloux de ses camarades.

Seul compte ce qu'il pense de lui-même. Il se scrute, se compare, s'analyse, se mesure. Il en tire ses propres conclusions et les considère comme définitives. Non, jamais il ne construira une famille aussi bancale que celle dont il est issu. Non, il n'aime pas le travail d'équipe, les règles de la meute, les confidences à tout propos. Non, il ne supporte pas la hiérarchie, les ordres qu'il faut faire mine de comprendre et que l'on doit appliquer sans conscience. La répétition l'irrite, avec sa mécanique immuable et l'absence programmée de surprise.

« Ne réussissent que les évadés, les fuyards, les déserteurs », consigne-t-il un peu vite dans son cahier. Et d'ajouter : « Mais gare ! Il ne s'agit pas de s'échapper pour éviter son sort, mais de s'engager pour mériter son destin. »

Il consigne, au gré de ses humeurs, les bons ou les mauvais points qu'il s'attribue, et ne s'autorise aucune concession : « Aujourd'hui, achat ridicule de bonbons » ; « Perdu bêtement ma partie d'échecs sur un mauvais déplacement du fou : je dois me concentrer davantage » ; « Je me suis levé trop tard ce matin. Voilà du temps de perdu inutilement »…

Son intransigeance le conduit assez vite à une forme d'orgueil qui sera désormais l'alliée de ses combats et l'adversaire de ses amitiés.

Le baccalauréat en poche, il rentre au King's College avec une bourse de la fondation Sherborne pour la durée de ses études.

Pour devenir docteur en médecine, comme il l'avait promis à sa mère quelques années plus tôt ? Sûrement pas ! Pénétrer les secrets du squelette et des chairs le dégoûte. Ce sont les méandres de l'esprit qui l'enthousiasment. Une sorte de fascination pour les constructions abstraites s'empare de lui.

Certes, il sera toute sa vie très soucieux de son corps, à la recherche de l'effort et de la musculation, de la séduction aussi. Mais son intérêt pour l'anatomie s'arrête là.

Seules les mathématiques pures et appliquées, avec leurs signes cabalistiques, leurs racines carrées, les équations tirées sur plusieurs lignes, les algorithmes développés, procurent à Alan un sentiment d'épanouissement. Il pénètre avec passion dans le monde solitaire et virtuel qui va devenir le sien.

« Je rêve d'aller là où personne ne s'est aventuré », écrit-il un jour à son père qui l'imagine aussitôt explorateur. Julius se fait du souci : Alan n'a pas l'esprit assez pratique pour organiser des expéditions, installer des campements et définir des itinéraires, estime-t-il avec lucidité. En réalité, c'est d'un tout autre voyage qu'il s'agit. Alan admire les travaux de Godfrey Hardy, un mathématicien pour qui « le scientifique, comme le peintre ou le poète, est un créateur de formes ».

Le professeur Hardy ajoute que « plus une chose est compliquée à exprimer, plus elle doit être dite simplement ». Une telle formule satisfait Alan. « Je veux, à la façon d'un alpiniste qui explore une nouvelle voie, tracer mon propre itinéraire mathématique. J'entends être capable, tel un artiste ou un architecte, d'affirmer mon style », s'emporte-t-il un soir devant quelques amis qui le chahutent. « J'aurai gagné lorsqu'on dira d'un calcul : voilà du Turing, comme on dit d'un meuble : c'est du Louis XV ! »

De fait, son style, à force de ratures, de suppressions et de raccourcis, sera sec selon ses détracteurs, mais pur du point de vue de ses défenseurs. Les démonstrations d'Alan ne sont lestées d'aucune fioriture. Il vise l'élégance.

En réalité, il aspire avant tout à être compris. Il aimerait que tout le monde soit en mesure d'admirer sa logique comme le visiteur d'un musée peut s'extasier en face d'une toile. Se rend-il compte que même sa mère, à laquelle il envoie volontiers des pages entières de calculs, reçoit son œuvre sans la comprendre ? Mesure-t-il que l'art des mathématiques est hermétique au plus grand nombre ? Quel néophyte peut s'exclamer, à propos d'une équation, qu'elle est belle ?

Insensible aux plafonds somptueux de l'université de Cambridge, indifférent aux éclats de rire des étudiants attablés dans les pubs de la ville, il se consacre à sa nouvelle passion. Rien d'autre ne compte pour lui : ni les filles, ni l'actualité, ni les sorties théâtrales où se bousculent les étudiants. Il ne participe pas à ces soirées enfumées et bavardes qu'organisent les professeurs Russell ou Keynes, au cours desquelles on refait le monde en tentant de se mettre en valeur devant des sommités mondialement connues. Il est trop timide pour ce type d'exercice. Les compétitions de reparties, les courses à l'élégance vestimentaire, les accolades généreuses qu'il faut offrir sans espoir de lendemain sont autant d'exercices auxquels il répugne.

« Les coteries garantissent juste de caboter le long des côtes. Elles obligent à "coller" aux autres. J'aspire à un destin plus dangereux et moins routinier. Le grand large, voilà ce qui m'attire », prévient-il ceux qui tentent de l'attirer dans ces soirées où le verbe, l'alcool et le rire se mélangent jusqu'au petit matin.

Son seul écart à cette règle d'indépendance et de solitude consiste à suivre les cours de l'astrophysicien Arthur Eddington, qui prétend avoir résolu le problème de la relation entre l'esprit et la matière. La démonstration d'Eddington est convaincante lorsqu'il donne l'exemple d'un bloc de sucre que l'on dissout dans un bol de thé : il ne reste aucune preuve de l'existence du sucre à la fin de l'opération. Y a-t-il eu mouvement des atomes ou, comme le pense Alan, une forme de réincarnation ? Cette question le hantera toute sa vie.

Pour lui, la disparition n'est pas une soustraction mais une absence provisoire, un détour. Une telle conviction l'aidera souvent à surmonter déceptions amoureuses et deuils.

Pour le moment, Alan va de salles de cours en amphithéâtres sans se faire remarquer de ses professeurs. Certains étudiants chahutent, s'exhibent, fanfaronnent. Lui, il se tait. Il n'est pas plus studieux que ses camarades mais quelque chose d'indicible l'empêche de nouer avec eux des relations simples. Redoute-t-il le timbre aigu et métallique de sa voix, qui transforme si vite une simple suggestion en agression ? Quand il était petit, cela n'avait guère d'importance. Désormais, il envie les barytons et les ténors qui, d'un souffle, obtiennent le silence et l'attention. Il fume, en espérant qu'avec le temps le tabac abaissera le ton de ses cordes vocales.

Il observe, écoute, travaille. Le voilà passe-partout, passe-muraille, ombre légère. Il semble promis à une existence lisse, sans accroc ni rature. Avec son écriture illisible et son caractère entier, il aborde pourtant la vie et la société à sa manière. Est-il trop discret ou trop prudent dans ses rapports aux autres ? Il sent bien qu'il n'est pas comme eux. Il ne rit pas de leurs plaisanteries, ne fréquente pas les mêmes lieux, ne s'amuse pas des mêmes jeux d'esprit ou de société. Il ne court pas derrière les filles, même s'il apprécie leur compagnie. Bien sûr, il aime séduire. Son allure sportive, son visage raffiné, sa chevelure sage, ses yeux rieurs lui promettent de beaux succès. Il multiplie les conquêtes.

Mais elles sont masculines. Les hommes l'attirent, surtout s'ils sont intelligents. La complicité intellectuelle précède toujours sa démarche de séduction. Très tôt, il a compris que cet attrait pour les hommes lui était nécessaire, naturel, évident.

Adolescent, avant d'être bachelier, il avait rencontré Christopher au collège. Ils avaient tous les deux seize ans, l'âge où les jeux collectifs de cour de récréation laissent place aux confidences. Les deux garçons avaient progressivement construit un univers partagé de rêves inaccessibles, de discussions infinies, de projets grandioses. Rien, pourtant, ne les prédisposait à une si forte complicité. Christopher était un élève brillant et Alan, un élément médiocre. Christopher incarnait l'élégance alors qu'Alan n'était que négligence. La famille de Christopher était unie et celle d'Alan, dévastée. Le luxe et le confort de la maison des Morcom tranchaient avec la modestie de l'appartement de la famille Turing.

Mais ils habitaient le même quartier, et Christopher était fils unique tandis qu'Alan était un enfant solitaire. Le soir, ils rentraient du collège ensemble et discutaient en chemin de tout ce qui leur traversait l'esprit. À force d'échanges, ils étaient progressivement devenus les meilleurs amis du monde et deux garçons inséparables. Ils imaginaient pendant des journées entières leurs vies consacrées à la science et à la découverte de nouveaux théorèmes. Christopher était doué pour les mathématiques, où il surclassait tous les élèves. C'était la seule matière dans laquelle Alan pouvait prétendre à une compétition équilibrée. L'amitié avait nourri une émulation qui les amusait. Un jour, ils seraient les aventuriers de l'intelligence, se promettaient-ils dans l'euphorie de leurs résultats.

– Nous monterons ensemble une entreprise et nous gagnerons beaucoup d'argent, s'enthousiasmait Christopher.

– C'est une bonne idée, mais je ne sais pas qui dirigera l'autre, tempérait Alan. Je m'occuperai de la recherche et des problèmes techniques. Toi, tu manageras le personnel et les banquiers. Je pense que tu as davantage de compétences que moi dans ces domaines.

– Lorsqu'il s'agit de parler aux autres, je crois en effet que je suis plus doué, concluait Christopher qui ne cessait de se moquer du caractère difficile d'Alan.

Inséparables comme deux frères ou presque, ils ne s'étaient jamais embrassés. Ils n'avaient pas dépassé la frontière qui transforme une amitié en histoire amoureuse. Mais leur complicité était siamoise. Alan était persuadé d'avoir trouvé un ami pour la vie. Rien, jamais, ne pourrait éteindre une si vive passion. Il admirait Christopher, sollicitait son jugement en tout, se sentait protégé par sa seule présence. Alan n'imaginait plus la vie sans lui.

Une tuberculose en décida autrement.

En quelques semaines, Christopher fut condamné à mort par un diagnostic sans équivoque et une maladie sans rémission. Il disparut un 7 juin, dans de terribles souffrances, alors même que l'été pointait, avec ses promesses de vacances, de voyages et de jeux.

« Pourquoi lui ? » s'insurgea Alan dans son cahier, qu'il remplit durant des semaines entières de détresse. La disparition de Christopher lui était insupportable. C'est comme s'il ne pouvait plus être question d'avenir. Alan ne pensait plus, ne mangeait plus. Il voulait mourir à son tour, pour retrouver Christopher au plus vite.

Il fallut toute l'affection de sa mère, sa psychologie, sa générosité, sa capacité d'écoute et de conseil pour le sortir de la dépression qui le dévastait.

Lors de la rentrée scolaire suivante il reprend les études avec l'intention de prolonger le talent mathématique de Christopher. « Il n'est pas mort », note-t-il victorieux dans son cahier, alors qu'il vient de recevoir la meilleure note de sa classe. « Je lui resterai fidèle à vie, soit par la mémoire, soit par l'action. »

De ce jour, il n'a cessé de chercher un nouveau Christopher.

Parce qu'il est conscient qu'un homosexuel prend des risques à s'afficher dans l'Angleterre puritaine des années 1930, où l'on qualifie de malade et où l'on punit de prison les hommes qui aiment les hommes, il avance dans sa différence avec précaution. Même ceux qui pensaient bénéficier de la protection de la gloire ont été engloutis par l'opprobre, lorsqu'on a découvert leur homosexualité. Oscar Wilde avec lord Alfred Douglas : deux ans de prison ferme et de travaux forcés, une popularité piétinée et un destin tragique. Lord Rosebery, ministre des Affaires étrangères et Premier ministre, amant de son secrétaire Francis Douglas, mystérieusement victime d'un accident de chasse. Hector MacDonald, héros de la guerre contre les Boers, obligé au suicide plutôt que de rentrer en Angleterre.

Alan rencontre Kenneth, un étudiant en sciences naturelles. L'aventure, discrète, dure suffisamment pour qu'il s'attache. « Notre amitié est d'autant plus forte qu'elle est sereine », se réjouit-il dans son cahier. Les deux jeunes hommes commentent leurs lectures et partagent quelques projets.

– Je voudrais être aux mathématiques ce que Mozart fut à la musique, se risque Alan.

– Prépare-toi à souffrir, réplique Kenneth.

– Je le sais, je suis prêt, conclut le premier.

N'est-ce pas précisément l'insouciance qui escorte les plus grands destins ? Si l'on connaissait d'avance tous les obstacles à surmonter, sans doute ne se lancerait-on pas si souvent dans les batailles les plus ardues, qui semblent vaines avant même d'être livrées.

Que les professeurs Erwin Schrödinger et Paul Dirac reçoivent le prix Nobel de physique a sur Alan l'effet d'un coup de fouet. Il connaît bien Paul Dirac et l'admire. Qu'une telle récompense vienne le combler ainsi le galvanise. La reconnaissance obtenue par Dirac lui semble juste. Puisqu'ils vivent et travaillent dans les mêmes institutions, Alan pense qu'un jour, peut-être, à force d'efforts et d'abnégation, de calculs et de résultats, il pourra à son tour être mondialement reconnu.

– Je viens de comprendre qu'un dur travail de laboratoire, conçu dans l'indifférence, mené dans le secret, développé dans l'inconfort, peut trouver sa récompense auprès des plus hautes instances mondiales, se réjouit-il devant Kenneth.

– Et alors ? lui demande son ami.

– Cela m'incite à poursuivre mes calculs. Je suis persuadé qu'à force d'intuition, de doute et de persévérance, celui qui fouille dans les mystères de la pensée et aspire à découvrir de nouveaux modèles y parvient toujours. Imagine un instant que dans dix ou vingt ans, je reçoive à mon tour le prix Nobel…

Kenneth part d'un immense éclat de rire.

– Tu n'y comprends décidément rien ! explose Alan, avec cette voix un peu perchée qui lui échappe lorsque la colère le saisit.

Non, il ne supporte pas que l'on se moque ainsi de lui, en méprisant un rêve qu'il croit possible. S'amuser de sa foi en lui-même, c'est l'insulter, l'humilier. Jamais il ne le supportera. Ni de Kenneth ni d'un autre.

« Mon Dieu, existe-t-il sur cette terre un autre Christopher ? » s'interroge-t-il. Il se sépare de Kenneth. « Pas assez ambitieux, pas assez travailleur, pas assez volontaire », ajoute-t-il sous forme de sentence dans son cahier.

L'Allemagne est devenue nazie ? Staline installe des commissions d'épuration ? Le président de la République française vient d'être assassiné ? Les États-Unis comptent treize millions de chômeurs ? Le monde est devenu fou ? Ces menaces stimulent Alan. Tout va mal, le danger est partout : il faut donc travailler, et travailler encore. Thèse, notes, gribouillages pour déchiffrer il ne sait quelle équation qu'un hasard méthodiquement fouillé lui permettra peut-être de transformer en résultat. Calculs répétés, sur des feuilles qu'il noircit avant de les jeter, par dépit. Récupération dans la corbeille de vieux brouillons chiffonnés dans l'espoir d'y déceler des formules trop vite abandonnées. Raisonnements complexes qu'il tente de mener à leur terme afin de les faire valider par un professeur du campus. Réactions variées d'enseignants qui sourient ou haussent les épaules. Dépassés par certains raisonnements, ils n'osent pas toujours le contredire et savent rarement l'encourager. Parfois même, ils ne comprennent rien du tout. Mais comment avouer à leur élève qu'il a dépassé ses maîtres ?

Alan ne néglige aucune voie mathématique pour progresser et s'acharne sur les problèmes à résoudre avec une énergie qui surprend ses camarades. Ils le croisent, tantôt enjoué, tantôt taciturne. Qu'y peut-il, si son humeur se lit si facilement ?

– Il va tomber malade, prédisent la plupart d'entre eux.

– Il finira professeur, supputent les jaloux qui voient dans ce sort la pire des punitions.

– Il n'ira pas loin, affirment enfin les dilettantes aux yeux desquels tout effort conduit à l'anéantissement.

Pour les uns, c'est un fou, pour beaucoup d'autres, un génie.

Lui, il avance, mains dans les poches, manteau lourd et trop long, pantalon trop court aux revers trop épais, au milieu de ces murmures.

Les saisons passent sans qu'il y prête une réelle attention. Il pense qu'à force de concentration et de volonté, celui qui répète ses gestes et ses calculs sans varier d'objectif perce nécessairement un tunnel. Ne pas varier, comme le poids du marteau contre le clou. Ne pas changer d'angle, viser toujours la tête, si l'on veut pousser la pointe au cœur de la matière. L'obsession est son guide. Barricadé dans sa chambre d'étudiant à l'ordre douteux, indifférent aux contingences matérielles, obsédé par sa soif de découverte et de gloire, il perçoit néanmoins les nouvelles du monde et les informations sur le conflit mondial qui se dessine en Europe.

Il rejoint le comité contre la guerre, qui milite pour une grève mondiale des ouvriers dans les usines de munitions et d'armement. C'est sa manière d'être socialiste et pacifiste à la fois. Deux engagements sincères, qui ne le quitteront plus, mais deux investissements accessoires à sa passion.

Il sait que la science, si nécessaire au progrès, peut aussi être mise au service de l'anéantissement des peuples. Mais il défend l'idée que les mathématiques sont la Suisse des sciences.

Un soir, il prend la plume pour adresser une lettre d'adhésion à ce comité international qu'ont lancé en France Henri Barbusse et Romain Rolland. Sa démarche est individuelle, solitaire, comme toujours. Il ne s'enrôle dans aucun syndicat, aucun parti politique. Ses convictions ne lui font grimper aucune barricade, suivre aucun cortège, signer aucune pétition, prononcer aucun discours, revêtir aucun uniforme. Son monde est celui des abstractions. Son combat, celui des calculs.

Mais il a tout de même choisi son camp et pris la mesure des menaces qui obscurcissent l'avenir européen. Et les scientifiques ne sont pas légion, en 1934, à partager son engagement.

5

J'AI REÇU DU COURRIER DANS LES SEMAINES qui ont suivi l'enterrement d'Alan. Cela m'a surprise. À mon âge, en dehors de l'administration, on ne compte plus pour grand monde. Les visites s'espacent, et les lettres se font rares.

Au fond, ma vie tout entière n'a été qu'une suite d'indifférences, de mépris et d'abandons. Mon mari était un homme impossible, trop faible pour résister aux tentations de l'alcool et des femmes. Combien de fois ai-je dû masquer à John et à Alan ma détresse et mon découragement ? Je me souviens, lorsque nous déjeunions tous ensemble le dimanche, comme j'essayais de contenir les reproches que méritait Julius. Il me semble qu'il a toujours considéré ses enfants comme une charge, un poids, une punition.

Lorsque nous nous sommes séparés, j'ai dû trouver un emploi. Je ne pouvais compter sur personne pour élever seule mes deux garçons dont le père ne voulait plus entendre parler. J'étais tellement angoissée que j'aurais accepté n'importe quelle tâche, pourvu que cela me permette d'être à la maison quand les enfants avaient besoin de moi.

Les Lundborsh m'ont embauchée pour effectuer des ménages dans leur immense manoir. J'ai découvert que le bonheur des autres était une illusion. L'avarice, la méfiance, l'absence d'affection, tout cela existait aussi ailleurs que chez moi. Leurs enfants étaient ingrats et mal élevés. Dieu m'avait préservée de ce malheur-là.

Je n'étais qu'une femme de chambre, condamnée à tout savoir des querelles de la famille et à ne rien dire de mes soucis. J'ai travaillé comme une ombre, tenue au silence y compris face aux reproches. Pouvais-je me plaindre ? Après tout, j'avais déjà la chance de travailler.

Chaque semaine, on me versait un petit salaire qui m'aidait à éduquer John et Alan. Malgré le départ de leur père, mes enfants suivaient de bonnes études et j'en étais soulagée car j'espérais pour eux une vie moins dure que la mienne.

Les lettres que j'ouvrais depuis quelques jours démontraient que, d'une certaine manière, j'avais réussi leur éducation. Mon Dieu ! comme j'aurais préféré le vérifier en d'autres circonstances…

M. Walpern, mon voisin de palier, fut le premier à glisser un mot sous ma porte : « Les tristes circonstances qui vous frappent nous placent, mon épouse et moi, au premier rang de vos soutiens. Vous connaissez notre discrétion. Elle ne nous empêche pas de vous écrire le respect que nous portions à votre fils Alan, toujours souriant et délicat avec nous. Nous vous offrons notre affection et notre aide si vous la jugez utile. » Astrid, mon amie d'enfance, m'envoyait des fleurs et ces lignes : « Alan ne nous quittera jamais, tu le sais. Il a été une étoile filante, l'une de ces comètes qui éclairent la nuit et illuminent la terre. Nous sommes tous admiratifs de lui et proches de toi. » Mme Lundborsh, que je croyais jusque-là hautaine et sans cœur, m'a surprise par sa gentillesse : « Ma chère et pauvre Ethel, l'épreuve qui s'abat sur vous est injuste. Vous n'avez pas mérité que le destin emporte votre enfant. Vous lui avez offert tout ce qu'une mère peut transmettre, il vous a donné toutes les joies d'un fils aimant et brillant. Ne vous reprochez rien. Ne lui reprochez rien. Nous prions pour lui et pour vous et nous vous embrassons tendrement. »

Chaque témoignage, je le sais, associait la courtoisie à l'affection. Mais il est certain que ces preuves de sympathie spontanées et souvent inattendues m'ont beaucoup plus aidée que leurs auteurs n'ont pu l'imaginer.

Une nécrologie parue sous la plume d'un dénommé Andrew Hodges a sans doute ému tous ceux qui ont ainsi découvert sa disparition – et pour d'autres, son travail. Hodges écrivait notamment ceci : « L'Angleterre a perdu l'un des mathématiciens les plus exceptionnels de cette première moitié de siècle. Un jour, inévitablement, la reconnaissance qu'il mérite lui sera rendue. Son génie touchait trop de domaines, depuis le calcul pur jusqu'à l'analyse de l'évolution de notre espèce, depuis le décodage jusqu'à la machine pensante, pour qu'il ne se trouve pas, dans un futur plus proche qu'on ne l'imagine, un être doué de compréhension et de gratitude qui lui rende hommage. »

Son éloge faisait office de faire-part. Il provoqua des réactions qui ont nourri ma fierté. Le journaliste évoquait des injustices et de l'incompréhension, puis concluait son article en ces termes : « Quelle ville, en Angleterre, osera donner le nom d'une avenue à ce pionnier intrépide ? » Et il ajoutait : « Les travaux et les actes d'Alan Turing resteront, mais la façon dont il a mené sa vie complique l'hommage qu'on lui doit… »

Le président de l'Académie royale de mathématiques m'adressa ses condoléances au nom de tous ses membres : « Nous avons admiré les talents de votre fils, sa capacité à briller dans des disciplines variées de l'abstraction et sa vision originale et pertinente de la science de demain. Qu'il ait su allier dans ses réflexions à la fois la complexité mathématique et la biologie fait de lui l'un des savants les plus impressionnants de notre pays. Si le raisonnement mathématique se résume à l'exercice de deux facultés combinées – l'intuition et la générosité –, votre fils, assurément, était habité de ces valeurs. »

Le doyen de l'université de Cambridge m'assurait « du souvenir qu'a laissé Alan dans notre faculté, aussi bien auprès de ses camarades que de ses professeurs ».

Même si je doutais franchement de la sincérité de ses mots, ils m'ont fait plaisir : il est tellement confortable de croire aux flatteries, même tardives…

Le commandant Alastair Denniston, directeur de l'école nationale des codes secrets de Londres, tenait à rappeler « le rôle décisif d'Alan Turing pendant la Seconde Guerre mondiale. La médaille qu'il reçut à l'issue de ce conflit témoigne bien modestement de l'apport déterminant de son travail au service de l'Empire britannique. L'histoire, lorsqu'elle aura trié l'essentiel de l'accessoire, saura, j'en suis persuadé, reconnaître à votre fils une part essentielle et inoubliable dans la victoire des Alliés, même si elle se déploya dans l'ombre ».

Mme Morcom, la mère de Christopher, m'adressa le plus doux des messages. Je comprenais, à travers son écriture fine, la sincérité de son affection et de sa tristesse. « Je sais combien était vive l'amitié de Christopher et d'Alan. Je sais comme le départ de mon petit garçon l'avait profondément meurtri. Ce jour-là, mon mari et moi avons en réalité perdu deux enfants, tant leur complicité était grande. Vous comprenez donc, chère madame, pourquoi votre malheur me rapproche de vous, pourquoi je ne peux rester silencieuse en apprenant la disparition du meilleur ami de mon fils, pourquoi aussi, je voudrais vous faire partager les messages que j'avais reçus d'Alan voilà longtemps et qui m'ont alors tant aidée. »

Plusieurs autres missives, provenant de personnes dont les noms ne m'évoquaient rien, exprimaient des regrets selon des formes plus ou moins protocolaires et plus ou moins affectueuses. Je ne me suis pas autorisée à analyser leur degré de sincérité. Seul Alan aurait pu le faire. J'ai tout classé de façon méticuleuse dans un tiroir de ma table de nuit.

Il m'arrive de sortir mon pauvre trésor et de trouver un peu de réconfort à relire toutes ces lignes.

Le professeur von Neumann, enfin, me demandait l'autorisation d'une visite « pour vous dire de vive voix, chère madame, la valeur de votre fils et celle de son travail ». J'acceptai tout naturellement cette proposition.

6

« CE QUI EST SÛR, c'est que je suis meilleur que les autres ! » répète-t-il sans pudeur. Classé premier de sa promotion au King's College, la modestie n'est pas sa compagne. « Je suis supérieur *et* différent », corrige-t-il lorsque son frère lui suggère d'avoir le succès modeste.

C'est peine perdue. Chaque fois qu'il remporte une compétition d'aviron ou de course à pied, il toise ses poursuivants malheureux sans la moindre compassion. Et quand la victoire est intellectuelle : pas de quartier non plus !

« Notre famille grave son nom dans le marbre de King's. Les sacrifices que tu as consentis pour moi n'ont pas été vains », s'exclame-t-il devant sa mère qui serait bien incapable d'expliquer à sa meilleure amie ce que son fils apprend exactement. « Te rends-tu comptes que le professeur John von Neumann s'intéresse à mon travail ? » poursuit-il dans une sorte d'extase qu'il est seul à ressentir.

Il est fier et heureux. Alan vient de démontrer qu'il dépasse en compétences, en connaissances et en résultats tous ceux qui se rient de lui. Cette certitude le rassure et le venge de leurs sarcasmes.

Von Neumann, major de l'École polytechnique de Zurich et de l'université de Budapest, est une icône. Il vient d'apporter une contribution majeure à la théorie des ensembles et de publier un ouvrage capital intitulé *Les Fondements mathématiques de la mécanique quantique*. Même s'il est jovial et parfois désinvolte dans ses rapports avec les femmes, il est l'archétype de l'intelligence universitaire, une référence de rigueur et de savoir-faire. Partout où il passe, sa mémoire prodigieuse, son élocution claire et son esprit hors du commun impressionnent.

Pour Alan, qui a toujours tant de mal à nouer des liens, qui est incapable de distribuer les jolies phrases ou les beaux sourires lors de cocktails et qui n'a aucun talent de conférencier, la promesse d'une complicité avec von Neumann est une source d'espoir. Il espère ainsi gagner un temps précieux dans sa conquête des hautes sphères mathématiques.

Il envoie à celui qu'il considère désormais comme son maître sa réflexion sur la théorie des groupes. Le titre de son travail découragerait n'importe quel poète en herbe et n'est explicite qu'aux yeux d'un expert : « Équivalence de la quasi-périodicité droite-gauche ».

En trente pages, s'appuyant sur le théorème de la limite centrale découvert par le savant polonais Sierpinski, il établit la preuve de la convergence de la somme d'une suite de variables aléatoires. Son calcul et sa démonstration sont d'une rapidité et d'une simplicité époustouflantes. « Voilà à la fois un éclair qui illumine et une flèche qui transperce », admire von Neumann. Stupéfait d'une telle puissance intellectuelle, il fait paraître l'article en janvier 1937 dans la revue de la London Mathematical

Society. La première publication d'Alan, sa première gloire mathématique, le transporte de joie.

« Me voilà célèbre dans un petit cercle, au cœur du seul monde dans lequel j'aspire à devenir quelqu'un », se répète-t-il en serrant les poings de joie.

Il adresse, en les dédicaçant, les quelques exemplaires qu'il a reçus en qualité d'auteur à sa mère, son père, son frère, mais aussi au professeur de mathématiques qui désespérait de lui. Il ne peut s'empêcher de le signer de cette phrase ambiguë : « De la part de votre mauvais élève qui a retenu vos leçons. »

On ne mesure pas toujours l'importance d'une première publication dans la vie d'un auteur. Celle-ci est pourtant décisive. Elle marque le point de départ d'une dépendance à l'encre et au papier. Elle dévoile un style et préfigure une œuvre, surtout lorsqu'elle se produit si jeune, à vingt ans.

Auréolé d'une reconnaissance qu'il juge universelle puisqu'il ignore par qui il est lu, impatient de découvrir un autre monde que l'on dit nouveau, Alan débarque à New York après sept jours de traversée et six longues heures d'attente à quai : les passagers de troisième classe doivent quitter le bateau les derniers. Il a voyagé dans la soute du paquebot, trompant le temps par des lectures et des jeux de société. Il n'était pas admis sur le pont supérieur, « là où l'on danse avec orchestre et coupe de champagne à la main », note-t-il dans son cahier. Il a partagé la promiscuité d'autres aventuriers sans ressources.

« Les parvenus se reposent à l'étage supérieur. Ceux qui vont réussir sont ici », s'amuse-t-il à voix haute devant ses voisins de soute, le soir, autour d'une chope de bière ou d'un verre de whisky. Il aime rappeler ses origines modestes, son mépris de l'argent et des mondanités. Durant cette semaine où l'isolement est impossible, il entame des discussions infinies au hasard des rencontres. Il remporte quelques parties d'échecs, prend le temps de poser pour un peintre en mal de modèles, partage ses repas avec des gens dont il admire le courage et l'état d'esprit. Il s'étonne de croiser des familles sans bagages ni destination précise, des personnes qui rêvent de New York parce que Liverpool est devenu invivable. Sans nouer pour autant la moindre amitié, il cherche à comprendre les chercheurs d'or, les paysans basques, les porteurs d'eau, les montreurs de marionnettes, les maçons, les colporteurs, tous avides d'espace et de réussite, tous embarqués sans la sécurité d'un billet retour. « J'étais l'un des rares voyageurs à connaître déjà l'adresse à laquelle j'étais attendu, à savoir exactement le salaire que j'allais percevoir et à être certain de revenir un jour en Angleterre », note-t-il dans son cahier vert.

Sitôt les services de l'immigration passés, il se dirige vers Princeton et le département de mathématiques de son université, où se côtoient déjà John von Neumann, André Weil, Godfrey Hardy, Richard Courant, Albert Einstein. En ce mois de septembre 1936, tous les grands noms de la science, et notamment ceux qui ont fui l'Allemagne nazie, y vivent et y travaillent. Ils habitent de coquettes maisons en bois blanc, entourées de jardins parfaitement entretenus. « On a l'impression de trouver ici, cinq siècles après la chute de Byzance, le même rassemblement d'intellectuels que celui provoqué alors par la haine qui chassait l'intelligence de ses terres d'origine », constate-t-il dans l'une des rares lettres adressées à son frère.

Deux cent cinquante hectares d'allées, de parc, de constructions gothiques, italiennes, romanes, étonnamment classiques ou incroyablement contemporaines, se côtoient au cœur du New Jersey. Tout est beau, propre, organisé pour fournir aux étudiants les moyens d'une scolarité d'excellence. Une cinquantaine de bâtiments de pierre, de brique et de vitraux, disséminés dans la verdure, reliés par de larges allées gravillonnées, confèrent au campus l'allure d'une ville, avec chapelle, église, logements d'étudiants, maisons de professeurs, librairies, salles de lecture, salles de sport, stade, auditorium. Les écureuils et les oiseaux vivent là, au milieu des débats que les étudiants engagent sur les pelouses, l'été, à la sortie des amphithéâtres. Alan découvre son nouvel espace de vie en compagnie de quelques autres étrangers, arrivés en même temps que lui. Comme eux, il est ébahi par le soin apporté à la composition un cadre d'exception. Comme eux, il feint de ne pas être ému. Comme eux, il se promet d'être à la hauteur du lieu, par son travail et son comportement.

On lui attribue une chambre au deuxième étage d'une résidence d'étudiants. Sa fenêtre donne sur la verdure et il dispose d'une salle d'eau face à sa porte. Il ne pouvait espérer mieux. Tout est conçu pour qu'il puisse s'adonner sans aucune restriction à son loisir favori, sa douce drogue : la course à pied. Chaque matin, quel que soit le temps, il entame désormais ses journées par deux heures d'effort à travers les allées, selon un circuit établi qui lui permet de se chronométrer. Une telle discipline lui est indispensable. Seul ou à plusieurs, dans une tenue de sport toujours impeccable qui tranche avec la négligence de ses costumes, il s'impose cet exercice. Aucun vent, aucune pluie, aucune canicule ne remet jamais en cause ce rendez-vous avec lui-même.

La devise de Princeton l'intrigue : « Sous la puissance de Dieu, elle s'épanouit. » De qui parle-t-on ? s'interroge-t-il. De l'université ? De l'intelligence ? De la générosité ? De l'intuition ?

Est-ce pour y répondre qu'une citation d'Einstein a été inscrite au-dessus de la cheminée de la salle des professeurs de Fine Hall, le bâtiment gothique à trois étages réservé aux mathématiciens et aux physiciens ? Le savant y affirme : « Dieu est rusé, mais il n'est pas méchant. » Alan ne croit pas en Dieu, mais cette phrase lui semble sonner juste…

C'est là, dans cette pièce cossue, sous de sombres poutres peintes, au cœur d'une bibliothèque d'ouvrages reliés à l'or fin, dans de profonds fauteuils armés de guéridons sur lesquels fument des théières, qu'il rencontre pour la première fois von Neumann.

– Il va falloir mettre un peu d'ordre dans votre talent, jeune homme, lui lance le célèbre professeur. Votre article sur la théorie des groupes est un bon début. Mais retenez ceci : l'histoire est jonchée de petites pousses déracinées. C'est le sort de tous ceux qui s'endorment sur leurs lauriers…

– Je n'ai pas fait un si long voyage pour entendre ce seul conseil, murmure Alan dans sa barbe. J'ai vraiment l'espoir que vous m'aiderez à progresser, précise-t-il à voix haute.

– J'arroserai la plante. J'espère que la terre est bonne, rétorque von Neumann en allumant son cigare avec un large sourire.

Alan hoche la tête, incapable d'engager réellement la conversation. Il aimerait exprimer son enthousiasme, son désir d'être enfin protégé et guidé. Il aspire à appartenir à une équipe dont il respecterait le chef, à rentrer dans les secrets de la recherche pure.

Mais il se tait, espérant que von Neumann relancera la discussion.

– Vous voyez, Alan, reprend enfin le professeur, le drame de notre science, c'est qu'elle interdit d'avoir recours à des intermédiaires pour être comprise. En musique, le compositeur a la chance de trouver des interprètes. Ils sont bons ou médiocres, mais ils savent traduire les notes, les croches, les silences. En mathématiques, nous sommes entre nous. Nos signes et nos calculs sont indéchiffrables pour le commun des mortels.

– C'est pour cela que votre aide me sera précieuse. J'ai si souvent le sentiment d'être seul avec mes équations…

– Vous serez seul à vie, cher ami, si votre projet est d'inventer. Mais le drame qu'il faut éviter, c'est d'être absolument incompris de tous. En rentrant ici, vous avez quelques chances de croiser des destins qui s'intéresseront au vôtre. Nous en reparlerons très vite.

Cette conversation l'a détendu, rassuré. Il en sort convaincu d'être là où ses chances de réussir sont les plus grandes.

Alan découvre l'Amérique, ses rites, sa façon de vivre. La plus grande nation du monde semble habitée par la bienveillance universelle. Une forme de familiarité entre ses citoyens facilite l'intégration immédiate des nouveaux venus. On est loin de la vieille Angleterre, où l'on se reçoit en uniforme et en costume. Lui qui n'est pas très à cheval sur les principes, ni très à l'aise dans les exercices protocolaires, ni adepte des tenues flamboyantes, s'étonne de cette décontraction apparente, et l'apprécie. S'il aime la rigueur, c'est celle de la pensée et non celle des apparats.

Dans sa petite chambre mal chauffée où s'entassent vêtements, livres, cahiers et ustensiles de cuisine, il se lance à corps perdu dans des travaux mathématiques. Un pantalon fripé, jeté au hasard, côtoie des blocs-notes noircis ainsi que des fourchettes à la propreté douteuse. Une telle pagaille ne le gêne pas. Il parvient toujours à retrouver ce qu'il cherche, et considère son ordre improbable avec le sourire.

– La confusion, explique-t-il à l'un de ses voisins d'étage, donne à chaque objet une valeur identique. Par moments, un couteau m'est plus précieux qu'une cravate. Parfois, un livre compte davantage qu'une assiette. J'en déduis que la valeur des objets ne tient qu'à notre propre attention. Tout vaut cher, mais pas au même moment...

Plus sérieusement, Alan se met rapidement au travail.

– Il faut deux facultés pour progresser dans la science mathématique, explique-t-il à Ryan qui poursuit les mêmes études que lui : l'intuition et la générosité. Je crois être généreux car je suis prêt à me sacrifier à mon projet.

– Est-ce là vraiment une forme d'altruisme ? lui demande Ryan.

– C'est en tout cas la garantie d'un total désintéressement.

– Et tu penses avoir aussi de l'intuition ? poursuit Ryan.

– J'ai une vision. Elle ne résulte pas d'un raisonnement. C'est une force qui m'accompagne sans me diriger. Pour moi, l'intuition, c'est cela.

Au fur et à mesure qu'il s'installe dans le monde des abstractions, il s'interroge sur leur utilité. Comment prouver que les mathématiques sont aussi nécessaires à la société que la pâtisserie, la mécanique ou le sauvetage en mer ?

– Je ne peux pas accepter que l'on prenne le mathématicien pour un illuminé ou un rêveur, s'insurge-t-il un jour, pendant un déjeuner où la table étudiante s'amuse d'une discipline qui rassemblerait seulement ceux qui veulent échapper à la réalité du monde.

Il concède que son travail est moins visible que d'autres :

– Les mathématiques permettent de calculer le mouvement des feuilles qui tombent d'un arbre. Cependant, ce ne sont pas les mathématiques qui font tomber les feuilles…

Mais il ajoute que sa chance, c'est de travailler dans un champ infini, tandis que le peintre est limité par sa toile, le poète par ses mots, l'ingénieur par la matière et le politique par l'actualité.

« Heureux homme que je suis ! » note-t-il ce soir-là dans son cahier.

Heureux ? C'est beaucoup dire !

Seul dans cette immense Amérique dont il n'a pas saisi tous les codes, incapable de nouer de véritables relations amicales avec les femmes qu'il comprend mal et avec les hommes dont il craint le jugement, Alan n'est pas épanoui. Parfois, le soir, en se couchant, il maudit cette solitude dont il vante pourtant les bienfaits le matin, devant ses camarades. Il fanfaronne et fait mine d'assumer.

– C'est le prix de ma liberté, répète-t-il.

« C'est le coût de ma différence », note-t-il plus lucidement dans son cahier.

En réalité, il tourne en rond, sans trop savoir comment dénouer cette satanée pudeur, cette infernale homosexualité qui le torture.

– Ce n'est pas une maladie, mais c'est manifestement une faute sociale, reconnaît-il lors d'une discussion, un soir où le sujet est abordé par Harold, l'un de ses camarades, qui ignore les penchants d'Alan.

– Moi, je trouve surtout que c'est un malheur, rétorque Harold en souriant. Les femmes sont si belles, si douces, si complémentaires de nous qu'il faudrait vraiment être fou pour s'en priver.

– Pour aller dans ton sens, il suffit de voir comme nous aimons nos mères, conclut Alan.

Ils en resteront là.

Dans l'idée de tromper ses angoisses, il s'initie au violoncelle. Il passe aussi des heures à jouer aux échecs, sort souvent vainqueur de parties difficiles. « La reine est toute-puissante mais c'est le roi qui compte », s'amuse-t-il en ajoutant que « l'intérêt de ce jeu n'est pas de prendre des pièces. L'astuce consiste à bloquer l'ennemi ». Ce qu'il aime, c'est que l'intelligence soit ici plus nécessaire que la force. La boxe est moins belle que le judo. N'est-ce pas sa manière de voir la vie en général ?

S'il tait sa solitude dans les lettres qu'il envoie à sa mère, il consacre en revanche beaucoup d'encre à lui expliquer ses travaux : des pages et des pages de calculs et de théorèmes. Il voudrait convaincre de leur justesse une femme qui n'ose pas lui avouer son incapacité à le suivre. Mais il a raison : expliquer son travail est la meilleure façon pour un enfant de rassurer les parents. C'est aussi une bonne manière de ne pas trop parler de soi.

– Attention ! lui lance von Neumann, après l'avoir observé quelques semaines. Vous vivez dans un bocal, vous ne regardez pas assez autour de vous. On ne réussit pas lorsqu'on reste dans son coin. On ne s'élève pas dans la connaissance sans prendre pour socle ce que les autres ont déjà découvert. Cela vous ferait gagner du temps. Il faut savoir estimer ses concurrents, les analyser… et les combattre ! Être seul vous garantit l'indépendance, mais sans adversaire, sans comparaison, sans émulation, où sera votre succès ? Il faut que vous travailliez avec vos condisciples. Voilà votre intérêt et celui des mathématiques.

Alan comprend d'autant mieux l'avertissement qu'il découvre la publication, quelques semaines avant lui, de résultats identiques aux siens sur la théorie des nombres élémentaires. Il a beau mépriser l'auteur de ce travail, sa lenteur dans les développements mathématiques et sa pédanterie dans la vie, il doit pourtant en convenir : il n'est pas l'inventeur de sa propre découverte. « Je croyais avoir été le premier à atteindre un sommet, et voilà que par une voie moins difficile, un autre alpiniste m'a coiffé au poteau. On ne m'y reprendra pas », se promet-il.

Il en faut davantage toutefois pour le décourager. Il poursuit ses démonstrations et ses calculs, se lance des nuits entières à l'assaut d'algorithmes et d'équations dont il est le seul à pouvoir suivre la cohérence provisoire. Il lui arrive de se perdre, d'aller trop loin, de devoir revenir sur ses pas. Mais ce labyrinthe ne l'effraie pas. Comme dans toute construction, dans toute exploration, se mêlent le rêve du résultat et la difficulté d'y parvenir. Après tout, aucune découverte ne s'offre sans tâtonnements et aucun succès ne s'obtient sans persévérance.

Le monde dans lequel il avance n'est merveilleux que pour lui. Qui le suivrait à l'altitude qu'il a déjà atteinte, à l'exception de quelques grands professeurs ? Lorsque, à quinze ans, on a découvert tout seul la série infinie de la fonction tangente inverse, les interlocuteurs susceptibles de partager vos difficultés deviennent rares…

Heureusement, von Neumann est là, qui le comprend et le guide, sourire en coin et cigare aux lèvres.

Certains esprits jaloux rient des négligences vestimentaires d'Alan, de son allure débraillée, de cette corde qu'il utilise comme ceinture, de ses chaussures mal lacées et jamais cirées. Tant d'étourderies, de gaucheries, d'indifférence au monde réel ne révèlent-elles pas son incapacité mathématique ? L'absence de rigueur dans le comportement ne correspond-elle pas, forcément, à une absence de rigueur dans la démarche scientifique ? En outre, le comportement asocial d'Alan lui interdira tout rayonnement.

Est-il conscient de tous les bavardages que son originalité suscite ? Il ne s'en plaint dans aucune correspondance ni dans aucune confidence, comme si la confiance de von Neumann constituait un sésame, une garantie de survol des mesquineries.

Un lundi matin, après avoir parcouru plus de dix kilomètres à pied lors de son entraînement régulier de marathonien, il reprend haleine en s'allongeant dans un champ, en pleine campagne. Le soleil brille, le temps est doux. Alan détend ses muscles, ferme doucement les yeux. Ses pensées s'emmêlent dans la nuit de ses paupières fermées. Soudain, dans le tumulte de ses obsessions, une évidence le saisit. Bien sûr, c'est très clair : tout ce qui peut être calculé par un homme peut également l'être par une machine ! Il suffit d'élaborer et de construire une machine pensante ! Très agité, il regagne le campus. Est-ce une idée absurde ? S'agit-il d'une hallucination provoquée par l'effort physique ou d'une véritable révélation ?

– Je crois, dit-il à son ami Ryan à peine rentré au campus, que je viens de vivre la même aventure que Newton. Il a découvert la loi de la gravitation sous un pommier. Moi, je viens de comprendre dans un champ de patates que l'homme est une machine.

– Et alors ? l'interroge Ryan surpris par tant d'excitation.

– J'en déduis, répond calmement Alan, qu'un engin conçu par l'homme pourrait être aussi intelligent que lui…

– Mon pauvre Alan, tu es complètement fou !

– Peut-être, peut-être, maugrée Alan en s'éloignant, songeur.

Ryan, estomaqué par l'idée d'Alan, revient pourtant à la charge :

– Enfin, voyons, seul un organisme vivant peut penser, objecte-t-il. Comment passer d'une réflexion à une autre sans un cerveau ? Et comment modéliser les innombrables circuits des neurones ?

– C'est vrai, Ryan, j'ai sans doute déliré un peu, admet Alan qui n'a aucune intention d'engager un débat autour de sa découverte.

« Une objection aussi stupide que celle de Ryan ne saurait freiner ma réflexion », note-t-il dans son cahier.

Et dans les semaines qui suivent, il se met en tête de développer un appareil universel capable, pour toute proposition mathématique, de vérifier si elle est démontrable ou non. S'il y parvient, il complétera le théorème de l'incomplétude formulé en 1931 par Gödel. Il jettera un pont entre la décidabilité d'une proposition et la calculabilité d'un nombre. Il prouvera que certaines vérités mathématiques sont indémontrables, que la logique est parfois perverse. Par exemple, celui qui affirme être un menteur exprime-t-il une vérité ou un mensonge ?

S'il trouve la réponse, s'il transforme son rêve en réalité, il fera progresser la théorie algébrique des nombres, et donc les mathématiques, de manière irréversible. Il deviendra une référence.

Dès lors, il n'aura plus à guetter parmi les étudiants celui dont il pourrait devenir l'ami : on se pressera autour de lui. Être remarqué lors des mondanités ne lui coûtera pas tant d'efforts : tout le monde voudra l'approcher. Au lieu de solliciter une bourse auprès de tel ou tel organisme à force de dossiers, de résultats universitaires et de promesses, il lui suffira d'accepter l'offre la plus prestigieuse ou la plus généreuse. Il n'aura pas à s'inquiéter du nombre d'élèves qui voudront suivre ses cours : le plus grand amphithéâtre sera trop petit pour les accueillir. Finis, les petits stratagèmes qu'il doit échafauder pour monter un samedi soir dans une belle Buick rutilante avec quelques copains : on lui proposera d'emblée le volant…

7

UN JOUR, IL A FALLU ALLER VIDER SA MAISON. Au moment d'ouvrir la porte, l'émotion nous a submergés, John et moi. Je suffoquais. Partout où mon regard se posait, je sentais la présence d'Alan. J'imaginais chacun de ses derniers gestes. Je n'osais rien déplacer. La cuisine était bien rangée. Il avait fait la vaisselle : une seule assiette était posée sur l'égouttoir. J'avais peur de déranger un ordre qu'il avait voulu, un décor qui fut sa dernière mise en scène. Chaque objet me rapprochait de lui mais je craignais que la moindre modification ne le fasse disparaître un peu plus. J'ai longtemps tourné en rond, beaucoup hésité avant d'oser ouvrir un tiroir ou une armoire.

Il habitait une maison en brique rouge qu'il avait achetée juste après la guerre. Le jardin qui l'entourait était minuscule mais bien entretenu. Alan aimait cette bâtisse qui était son seul bien, la preuve de son travail et le lieu de rassemblement de tous ses trésors. Au rez-de-chaussée, le salon et la cuisine, à l'étage, deux pièces et une salle d'eau, le tout aménagé de façon cossue. Dans la chambre transformée en bureau, les étagères étaient recouvertes de diplômes, de photos, de médailles et de rubans. Un poêle à bois et charbon réchauffait la pièce principale, décorée d'un gros buffet, d'une table pour quatre personnes et d'un divan en velours marron. J'ai bien sûr reconnu les quelques meubles de famille que son père lui avait donnés, ainsi qu'un tableau lourdement encadré. Il représentait une scène de la Rome antique. La gravure, assez sinistre, avec les toges, les épées, les femmes en pleurs devant l'escalier d'un temple, avait un temps décoré notre appartement de jeunes mariés…

– Nous devons tout vider, a indiqué John très ému.

– Bien sûr, je le sais, mais ne jetons rien de ce qui comptait pour Alan.

Il est terriblement douloureux de rentrer dans l'intimité d'un mort, de choisir entre ce que l'on veut conserver et ce qui va disparaître à jamais. John a pris la plupart des meubles. Nous avons décidé de nous séparer des objets usuels et des vêtements car Alan était grand et beaucoup plus costaud que son frère. Il valait mieux donner tous ses effets à une œuvre de charité qui les distribuerait à des familles plus pauvres. Alan aurait apprécié ce choix. J'ai conservé les papiers, les livres, toutes les coupures de presse, et ces bibelots dont la seule valeur est d'avoir été les témoins de voyages, de visites, de coups de cœur d'une vie.

J'ai soigneusement mis de côté les deux collections qu'Alan avait constituées au fil des ans : d'abord, plusieurs centaines de timbres parfaitement classés dans des albums, et représentant exclusivement des fleurs, des plantes et des animaux du monde entier. Mais surtout un ensemble de compas très rares. Alan affirmait que ces appareils prendraient de la valeur car le développement des règles à calcul et des tables de logarithme les menaçait de disparition. Une trentaine de ces instruments était réunie dans des tiroirs, ouverts selon des angles plus ou moins aigus.

Métalliques ou en bois, avec des pointes plus ou moins fines, des crayons plus ou moins épais, ils retraçaient l'histoire des compas, grâce notamment à une pièce unique, de grande valeur, conçue par Guidubaldo del Monte en 1595, comme l'attestait une fiche cartonnée attachée à sa charnière. « S'il existe un jour un musée des mathématiques, je lui ferai don de toutes ces pièces », ai-je pensé le cœur serré.

Tout ce travail de tri, de classement, de rangement nous occupa plusieurs jours. À l'issue, j'étais littéralement épuisée. Le passé rejaillissait sans cesse avec la découverte d'affaires dont j'avais oublié jusqu'à l'existence. Cravates, vestes, boutons de manchettes, mais aussi quelques objets que je lui avais offerts lorsqu'il était adolescent. Je réfléchissais longtemps avant de décider de leur sort. Que faire de ce bougeoir seul, de cette vieille tirelire usée, de la boîte à musique en métal, et de tant d'autres objets sans utilité ? J'appelais souvent John pour solliciter son opinion. Je conservai ses lunettes, une montre d'étudiant, plusieurs cendriers, des pipes, sa lampe de bureau et un pot à crayons. Lorsque tout fut enfin mis dans des sacs et des cartons, nous avons déménagé l'ensemble chez moi. Ma maison s'est retrouvée remplie de la présence d'Alan. J'avais rassemblé là non pas ce qu'une vie expose, mais ce qu'elle range, classe et cache.

Rien n'a échappé à mon attention. Voilà peut-être pourquoi, aujourd'hui, j'ai l'impression de mieux connaître mon garçon. À force de lire et de relire ses lettres et ses bouts de papier, je découvre les interrogations et les certitudes qu'il taisait. Je dois parfois m'interrompre dans ma curiosité. J'ai trop mal pour lui. J'ai mal en moi, aussi. J'ai ainsi appris qu'il ne se trouvait pas beau et qu'il détestait sa voix. J'ai déduit des différentes notes qu'il a laissées qu'il n'aimait pas les soirées entre amis et jugeait très sévèrement les hommes politiques. « Ils parlent trop et ne pensent pas assez », a-t-il écrit à propos des parlementaires. « Pourquoi les ministres sont-ils à la fois si sûrs d'eux et si imprécis dans leurs projets ? » s'interrogeait-il en haut d'une feuille blanche. Moi qui l'avais élevé dans le culte de notre religion, j'ai regretté enfin qu'il ait griffonné en première page de sa Bible cette phrase : « Il savait trop de choses sans doute pour croire en Dieu. »

Je découvrais peu à peu mon fils avec cette forme d'admiration que l'on doit aux morts. Je saluais tantôt sa discrétion de vivant, tantôt son impertinence posthume.

Par exemple, il dessinait, comme d'autres sifflotent : pour se distraire et se détendre, pour exprimer une idée, pour tromper un ennui. Se trouvaient ainsi croquées sur des calepins des machines étranges et sans doute imaginaires, avec des treuils, des poulies et des hélices. Des visages très expressifs mais disgracieux, dessinés sur des corps musclés à l'excès. Des fleurs extravagantes qui n'existent nulle part, dotées de noms latins imprononçables. J'ai soigneusement conservé ces ébauches, preuves de divertissement et d'imagination.

Il lisait beaucoup de livres et de revues, notait dans des carnets méticuleusement classés par ordre alphabétique d'auteur les phrases ou les expressions plaisantes et les informations qu'il découvrait. Il faisait ses comptes de façon méthodique, comme nous l'avions toujours appris dans la famille, parce que l'argent n'avait pas été facile. En somme, Alan était beaucoup plus organisé qu'il ne le paraissait.

On croit connaître ses enfants. On apprend juste, avec la vie, à un peu mieux les comprendre.

Je n'aurais jamais soupçonné par exemple qu'Alan préférait les hommes aux femmes. Comment aurais-je pu imaginer une chose pareille ? Cette découverte m'a heurtée, blessée. Un instant, j'ai eu honte pour lui… et pour moi ! Car toute ma vie, je me suis bien gardée d'approcher des homosexuels. Cela m'aurait révulsée.

Et voilà que mon propre fils avait de telles pratiques inacceptables. Bien sûr, depuis longtemps, je trouvais étrange qu'à son âge, il soit encore célibataire. « Il a trop de travail et de soucis », pensais-je naïvement. Comment aurais-je pu savoir qu'il était amoureux des hommes ? Ni ses gestes ni ses mots ne me permettaient de l'envisager. J'ai été stupéfaite en découvrant après sa mort les problèmes judiciaires qu'il avait rencontrés à cause de ses passions masculines. Jamais il n'avait évoqué cela avec moi. Son silence se voulait sûrement protecteur…

Je trouve bien injuste qu'à peine transmise par une mère, la vie de son fils lui échappe. Moi qui prétendais tout connaître de lui, partager chacune de ses difficultés à demi-mot, je découvrais au fil des jours et de mes lectures qu'il s'était débattu seul dans un univers redouté et hostile. Il s'était enfermé dans le silence, comme un Esquimau aurait construit son igloo. Il s'était réfugié dans sa maison bien davantage que dans ses calculs.

J'ai eu du mal à admettre qu'il ne m'ait plus considérée comme son ultime confidente. Pourquoi, avec les années, notre complicité s'était-elle étiolée quand elle aurait dû au contraire se renforcer sous le poids des difficultés ? Alan m'avait toujours présenté un masque de sourire et de certitudes, tandis qu'il luttait en réalité dans un monde qui ne lui avait épargné aucun obstacle ni évité aucune humiliation.

À plusieurs reprises, j'ai pleuré en regrettant de n'avoir pas su comprendre ou apaiser des souffrances que j'aurais dû percevoir.

J'ai mis de côté quelques-unes des phrases qu'il avait soulignées dans certains livres. Par exemple, celle-ci, de Samuel Johnson : « Presque tous les hommes perdent une part de leur vie à essayer de faire preuve des qualités qu'ils n'ont pas. » N'était-il pas lui-même tombé dans ce piège ?

Il avait aussi recopié une citation de Samuel Butler : « Le mensonge ne me gêne pas mais je déteste l'inexactitude. » Cette phrase lui correspondait si bien. L'imprécision et les approximations le mettaient hors de lui. « C'est flou comme une mauvaise photo ! » s'emballait-il lorsque l'un de nous utilisait l'expression « à peu près »…

Par quel hasard avait-il été subjugué par l'histoire de Blanche-Neige, qui n'est au fond qu'une invention romanesque ? Dans le livre qu'il avait conservé, les phrases suivantes étaient soulignées : « La reine n'avait empoisonné la pomme que d'un seul côté, le côté rouge, le plus apétissant. Elle la coupa en deux et tendit la partie empoisonnée à Blanche-Neige tout en mordant dans l'autre. Rassurée, la jeune fille la porta à sa bouche. Elle ne l'eut pas plutôt mordue qu'elle tomba comme morte. La reine eut alors un rire diabolique. »

En lisant ces lignes, je fondis en larmes. J'avais sans doute sous les yeux les phrases qui avaient inspiré à Alan la mise en scène de sa propre mort. Cela m'était insupportable.

Pendant vingt ans, il avait ainsi retenu la recette qui le ferait périr. Cette pensée m'était aussi inimaginable que monstrueuse. Il promenait avec lui cette hypothèse de fin de vie, ce protocole de mise à mort, comme un soldat avançant au cœur des lignes ennemies, la grenade dégoupillée…

Subitement, je lui trouvais à la fois les traits d'un sacrifié et le profil d'un héros. Ces deux faces le rendaient admirable et énigmatique, à l'image même de tout le travail qu'il avait produit.

D'ailleurs, en relisant les courriers qu'il avait reçus tout au long de sa carrière, je constatai que les admirations et les colères s'exprimaient sans retenue. Elles émanaient d'académies ou d'universités, de laboratoires ou de centres de recherches et étaient signées de professeurs du monde entier. L'objet de ces courriers demeure un mystère pour moi. Des mots compliqués, des notions trop abstraites m'interdisent de partager le point de vue de ces auteurs très honorables.

Malgré tous mes efforts, même les premières lignes de son livre le plus connu et le mieux vendu me sont absolument incompréhensibles : « On peut définir sommairement les nombres calculables comme étant les réels dont l'expression décimale est calculable avec des moyens finis. En lieu et place des nombres calculables, j'aurais pu tout aussi bien définir et étudier les fonctions calculables d'une variable entière, réelle ou calculable, les prédicats calculables et ainsi de suite. Dans tous les cas, les enjeux fondamentaux restent les mêmes… »

Mon Dieu ! Qui peut comprendre ces phrases ? Comme mon fils était savant ! Comme il était compliqué !

8

L'EUPHORIE N'A QU'UN TEMPS. Alan est tenu d'achever sa thèse de doctorat sur « la théorie des nombres calculables » et son professeur a un caractère impossible.

– Figure-toi qu'il passe des nuits entières sur ses travaux, en annotant des fiches avec des crayons de couleur pour donner leur travail aux dactylos au petit matin, s'amuse un étudiant qui plaint Alan d'avoir à subir l'autorité de Church.

L'homme est si prétentieux qu'il semble indifférent au succès de ses élèves. Alan n'échappe pas à la règle. Il découvre la méticulosité et la pédanterie d'un énergumène dont les manies rendent hilares des salles entières de Princeton. Avant chaque cours, Church lave pendant plusieurs minutes le tableau noir à l'eau et au chiffon. Lorsqu'il se retourne enfin vers les étudiants, ces derniers le miment, une main levée frottant dans l'air une surface plane. Il lui est arrivé de quitter aussitôt son cours pour manifester sa colère. C'est un caractériel, cyclothymique et méprisant. Il est incapable de saluer un collègue dans les allées du campus, ou de féliciter un élève de son travail, ou encore de se souvenir d'un nom ou d'un prénom d'étudiant. Il promène sa connaissance de manière hautaine et désabusée.

– Voilà ma chance ! soupire Alan. Je cherche un protecteur et je tombe sur un égocentrique !

Sa déception est vive. Aucune démarche ne permet de changer de responsable de thèse. Il s'adapte aux exigences de Church, courbe l'échine, s'oblige à une courtoisie qui lui coûte.

Il est pressé d'en finir, sans néanmoins jamais bâcler la tâche. « Au bout du compte, c'est mon travail que l'on jugera, et non celui du censeur qui doit le valider », admet-il, lucide, dans une lettre qu'il adresse à sa mère et où il est surtout question d'un problème bien plus grave : la guerre qui se profile en Europe. « Chez vous, je sens une force qui se bâtit et qui nous hait », lui écrit-il.

Il voit les efforts diplomatiques se succéder en vain et les actes belliqueux de l'Europe se multiplier. La dictature est proclamée au Portugal, Staline procède à la réquisition des denrées alimentaires dans toute la Russie, Hitler vient de dissoudre le Parlement allemand. « L'humanité n'est-elle donc pas déjà renseignée sur la sauvagerie qu'une guerre peut engendrer ? » interroge-t-il. Il a peur. Non pas pour lui, car il fera son devoir, cela tombe sous le sens. Mais il craint pour sa mère, si proche du front. Le pacifiste est ébranlé. Il voudrait faire la guerre à la guerre, sans bien savoir comment s'y prendre. Parfois, il lance ce sujet de conversation à la cantine. Mais ses amis américains ou australiens sont totalement indifférents à ses propos :

– Tu te fais des idées, Alan. La guerre n'aura pas lieu. Et de toute façon, ici, nous ne risquons rien : l'Europe est à plus d'une semaine par bateau.

– Vous avez une curieuse manière de concevoir l'humanité ! À vous entendre, les peuples peuvent s'entre-tuer, cela n'a pas d'importance. Pourtant, si l'Europe est en guerre, l'Amérique sera forcément menacée...

– Nous sommes les plus forts, Alan. On ne nous attaquera jamais!

– Vous croyez dominer le monde. Mais vous subirez la folie des hommes si vous ne la combattez pas, menace-t-il au milieu des sourires.

Il s'en veut de ne pas trouver les mots ou les arguments susceptibles de troubler ses interlocuteurs. « Je ne sais pas convaincre. Il est bien dommage qu'il n'existe nulle part de cours pour apprendre l'à-propos », constate-t-il, amer, dans son cahier.

Alors qu'il devrait être concentré sur ses études dans cet univers protégé des conflits, Alan ne parvient pas à s'épanouir. Il a vingt ans. À l'âge où la liberté tient lieu de projet, il se sent totalement ligoté. Les contraintes de sa thèse, le souvenir de Christopher trop tôt disparu, la culpabilité d'être loin de sa mère pèsent lourd dans la balance de son équilibre personnel. Il dort mal et fume beaucoup trop. Son esprit vagabonde entre prise de conscience et laisser-aller. Son ambition s'évapore. Son moral est en berne. La dépression le guette.

Sa liaison avec Will Jones, ce jeune Américain rencontré en Angleterre, est un leurre. Dans une Amérique où l'on emprisonne les homosexuels que l'on contraint de s'habiller en femme pour leurs promenades de détenus, il vaut mieux cacher cette maladie d'amour. Les deux amants se voient donc rarement, et à la façon des proscrits. Chaque rencontre relève de l'exploit plutôt que du désir. Les sentiments profonds ne sont pas au rendez-vous. Il s'agit d'une aventure plutôt que d'une union, d'un rapport physique sans véritable affection. Alan se contente de cette relation qui lui évite la solitude sans lui offrir le bonheur. Il considère cette histoire avec distance, une fois de plus.

Le faible écho qu'a reçu son article sur les nombres calculables, paru voilà quelques mois, le préoccupe bien davantage. « Mes démonstrations n'ont pas provoqué la réaction que j'en espérais, admet-il. J'ai reçu quelques lettres encourageantes et polies, mais aucune critique. Pire, mes interlocuteurs n'ont ni renommée ni références scientifiques sérieuses : ils n'ont aucun titre de gloire universitaire, aucune notoriété professionnelle. Ce sont de simples amateurs d'abstractions ou d'obscurs professeurs de mathématiques à la retraite. »

Ce n'est certes pas une manière aimable de qualifier les rares adeptes qu'il vient de conquérir. Mais Alan ne sait pas taire ses déceptions. Il pensait provoquer une querelle, se trouver au centre d'un débat, découvrir des contradicteurs de haut niveau auxquels il aurait démontré sa vérité. Il avait envie de ferrailler. N'est-ce pas normal, lorsqu'on s'imagine supérieur à ceux qui vous entourent ? Hélas, l'indifférence générale accueille son travail.

Son article est-il trop compliqué, et donc inaccessible ? Il se console comme il peut. « Après tout, se dit-il, la première fois qu'un auditoire a entendu Chopin jouer du piano, il a dû se boucher les oreilles… »

Dans ce brouillard de doutes et de déceptions, la perspective de construire une machine logique relève de l'utopie pure. Les contraintes quotidiennes d'un thésard, les obligations et le rythme du campus, le caractère novateur de son idée sont autant d'obstacles à sa mise en œuvre. Alan écrit, rature, réfléchit, imagine et espère. Un jour, prenant conscience qu'il doit bousculer les habitudes de Princeton pour avancer, obtenir quelques moyens pratiques afin de réaliser son projet, il entame des démarches auprès de von Neumann dont il veut obtenir le soutien.

– Je vous l'ai déjà dit et répété, Turing, vous avez des qualités exceptionnelles. Mais diable, pourquoi voulez-vous sans cesse chercher midi à quatorze heures? Terminez d'abord votre thèse. Voilà ce qui importe. Ensuite, je vous trouverai de quoi satisfaire votre goût pour la recherche.

Alan fait mine d'obtempérer. Il regrette d'avoir une fois de plus manqué d'arguments. Il s'en veut de ne pas être parvenu à susciter l'intérêt et la curiosité de son protecteur.

Doit-il renoncer? Doit-il attendre encore, comme un enfant à qui on promet son jouet pour un peu plus tard?

Il ne s'y résout pas et revient à la charge deux semaines plus tard :

– Je ne consacrerai que mes heures de loisir à ce travail. Les moyens que je sollicite sont dérisoires alors que les résultats de cette expérience peuvent être considérables…

– Vous êtes quand même formidable, Turing! Vous rentrez par la fenêtre alors que je vous ai fait sortir par la porte. Vous mériteriez un grand coup de pied là où je pense. Et pourtant, je vais vous aider. Tout simplement parce que vous me faites penser à ma propre impatience, lorsque j'avais votre âge.

– Vous me faites donc confiance! s'exclame Alan. Vous n'aurez pas à le regretter, ajoute-t-il fièrement.

Von Neumann obtient que l'on mette à sa disposition un atelier situé dans le département d'électronique du campus. Alan exulte.

Lui, l'intellectuel pur, le matheux incapable d'ouvrir le capot d'une voiture et d'intervenir sur son moteur, l'étudiant inattentif à toutes les contingences pratiques au point de rater ses infusions, le voilà qui se lance, sans le secours d'aucun ingénieur, dans la réalisation d'une machine faite de relais et d'interrupteurs, de fils et de lampes, de vis, d'écrous, de cosses, d'équerres et de commutateurs qu'il confectionne lui-même. Ce travail minutieux, ce bricolage fou, cette invention géniale, engagés pendant son temps libre, peuvent-ils vraiment aboutir à la gloire dont il rêve ?

Il monte et démonte ses assemblages, corrige sans cesse ses schémas et ses plans. Les ratures noircissent des pages entières de calculs. Parfois, il se sent totalement perdu au milieu d'une équation. Il faut reprendre du début, débusquer la faute, se méfier de chaque déduction pour traquer l'erreur. Il ne désarme pas. Dans la petite pièce qu'il prend le soin de fermer à clé, même quand il y travaille, parce que sa présence ici n'est pas conforme aux règles de l'université, Alan explore l'inconnu. Il avance à la lueur de ses intuitions et de ses pensées, dans la clandestinité. Il progresse avec obsession, évolue dans le secret, se place à l'affût d'un hasard qui lui désignerait le bon chemin.

Il est tout simplement en train de concevoir le premier ordinateur de l'histoire ! Ce prototype ne porte aucun nom, nul emblème. Il s'agit d'une œuvre d'art, d'un exemplaire unique, du défi qu'un homme se lance à lui-même. Alan est sur le point de démontrer le bien-fondé d'une thèse qu'il est le seul à formuler, selon laquelle une machine logique pourrait résoudre plus vite qu'un individu certains calculs. L'engin disposera d'une mémoire moins limitée que celle d'un homme. Il pourra compter plus vite que lui.

Alan donne un exemple concret. Qui de l'homme ou de la machine peut dire spontanément que 9,99999999999999 et

9,99999999999999 sont différents ou identiques? Pour comparer les deux nombres, l'homme doit cocher chaque chiffre au crayon afin d'être certain de ne pas le compter deux fois. Lorsque la machine parviendra à le faire elle-même, l'homme sera libéré de ce calcul fastidieux.

– La fatale exactitude d'une addition par la machine s'opposera ainsi à la probable erreur d'un calcul humain, se réjouit-il dans le bureau du professeur von Neumann qui l'écoute attentivement en tirant sur sa pipe.

Alan est très excité. Tour à tour, il se frotte les mains ou les déploie dans de grands gestes explicatifs et enthousiastes. Pour l'occasion, il a même mis une cravate et ciré ses chaussures. Il proposerait bien d'emmener von Neumann dans son atelier, pour lui présenter son travail, mais il n'ose pas. Pudeur maladive? Modestie soudaine?

Alan affirme qu'un nombre est calculable si une machine peut écrire ses décimales. Il pense qu'on construira peut-être demain des usines où l'on ne fabriquera plus des boutons ou des pneus, mais exclusivement des nombres : une manufacture de chiffres et de calculs.

– Vous allez peut-être un peu vite, objecte von Neumann.

– Je sais bien qu'aucun objet mathématique n'existe dans la nature, reconnaît-il. Mais je pense sincèrement que les mathématiques peuvent nous permettre de comprendre notre environnement. Quant à mon usine de nombres, je suis persuadé qu'elle sera un jour construite, et que les machines y seront conçues par des hommes aidés de robots. Tout y sera propre, lisse, rapide…

– Revenez sur terre, Turing, l'interrompt von Neumann.

Alan décrit son appareil. Il est traversé d'une bande, trouée comme les cartons perforés que l'on enfile dans les orgues de Barbarie, mais divisée en carrés dans lesquels sont inscrits des chiffres ou des symboles. La machine traite un carré par opération. Lorsque cela est nécessaire, elle s'arrête, puis reprend son calcul. Elle adopte donc le même comportement qu'un individu mémorisant les informations à mesure qu'il les reçoit. Pour lui permettre d'effectuer des calculs plus complexes que la simple addition, il la dote d'un système de notation binaire. En ayant recours à l'algèbre de Boole, il parvient à lui faire effectuer des additions encore plus complexes. La première vraie calculatrice électronique est née.

– Elle a un bon état d'esprit et son comportement est fiable, s'extasie Alan.

Il attribue ainsi à son appareil des qualités humaines dont la communauté scientifique sourira longtemps.

Von Neumann, lui, salue le créateur :

– Bravo, Alan, pour votre démonstration. Avec vous, il est décidément de plus en plus difficile de distinguer les élèves de leurs professeurs ! Vous allez en faire blêmir plus d'un ! Votre présentation est impeccable. Mais n'allez pas trop vite, ne vous emballez pas. Vérifiez encore avant d'affirmer. D'une manière générale, permettez-moi un conseil : ayez le succès modeste. C'est la condition pour le rendre durable.

Malcolm, l'étudiant canadien qui partage son petit atelier, l'un des rares confidents des recherches d'Alan, est admiratif lui aussi :

– Tu ne t'es même pas estropié avec les tournevis et la fraiseuse ! lance-t-il amusé au mathématicien.

Mais Malcolm a surtout compris qu'Alan ne s'est pas contenté d'additionner des chiffres. Il a fait progresser une discipline beaucoup plus ardue : celle du cryptage et du décryptage de messages codés.

En apparence, rien n'est plus simple que de remplacer les chiffres par des mots et d'envoyer ainsi un texte sous forme de nombres binaires. Mais rien n'est plus complexe, en revanche, que de parvenir à découvrir le code initial qui permet ce cryptage. C'est ce qu'Alan a réussi à faire.

– Mon idée est de parvenir à transmettre un texte codé suffisamment long et complexe pour qu'il faille cent ans à cent mathématiciens travaillant huit heures par jour sur des calculettes pour en découvrir le facteur secret, explique Alan à son complice.

Et dans une lettre adressée à sa mère il ajoute : « Je pourrais faire parvenir mes travaux au gouvernement de Sa Majesté contre une somme substantielle, mais je doute que ce soit très moral. Qu'en penses-tu ? »

Ethel ne répond pas. C'est sa manière de signifier à son fils sa désapprobation. Qu'importe : Alan aurait été bien incapable d'une démarche à la fois si mercantile et si protocolaire. Le commerce n'est pas son projet. Ce qui compte, pour lui, c'est d'être enfin parvenu à assembler une machine conforme à ses calculs. Sa victoire, c'est que les mathématiques apparaissent comme utilisables, et donc utiles. Un rêve s'est réalisé, un calcul est devenu matière.

Certaines nuits propices aux folles pensées, il s'imagine en conférencier adulé, saluant d'un geste de la main des salles pleines à craquer, sollicité pour des autographes aux quatre coins de la planète après des débats s'achevant par des bravos et des hourras.

– Ce serait bien de donner un visage aux mathématiques, déclare-t-il un jour lors d'une conférence, soulignant que Pythagore, Euclide, Archimède ou Thalès ne sont que des noms. Vous avez une idée de la tête qu'ils avaient ? interroge-t-il.

Chacun comprend l'allusion à son propre désir d'être un jour reconnu. Alan n'aura jamais la victoire modeste.

Le succès étant acquis, la vie quotidienne reprend ses droits. Course à pied, parties de go, leçons de violon et de violoncelle… Alan vole des instants de détente à sa passion du chiffre.

Sa réussite le libère et le rassure. Après avoir passé tant de mois tendu vers l'objectif, il se relâche enfin. Il apprend à perdre du temps, c'est-à-dire à en prendre pour lui-même. Il sort davantage du campus et découvre les rues et les recoins de Princeton. Ce qui le surprend, c'est la propreté générale de la ville, son caractère lisse, léché, sage, provincial. « On a parfois le sentiment d'arpenter les couloirs d'une clinique », écrit-il à son frère, regrettant les arrière-cours et toutes les surprises que l'on découvre dans la vieille Angleterre. Ici, pas d'appendices hors la loi, pas d'ajouts de verrières ou de cabanons où l'on peut faire des rencontres inattendues. Il multiplie les aventures sans lendemain, juste soucieux de vérifier qu'il peut séduire. Son carnet d'adresses se noircit, au crayon à mine, de prénoms et de coordonnées qu'il sait d'emblée provisoires. Le printemps naissant lui offre sa douceur et ses éclosions. Il s'émerveille de cette vie qui renaît. De même que les jours rallongent, il esquisse son propre avenir avec des perspectives nouvelles.

L'université de Princeton, sur la proposition du professeur von Neumann, lui propose un poste d'assistant pour accompagner les travaux du maître sur la cybernétique. Alan, qui reçoit cette preuve de confiance avec fierté, décline pourtant l'offre et le salaire conséquent qu'elle promettait.

– On vit mieux dans la vieille Europe, explique-t-il à ses amis, sans toutefois préciser sa pensée.

À qui pourrait-il confier que les relations homosexuelles sont plus faciles et moins risquées sur les campus britanniques ? Il préfère les allées sinueuses du King's College à celles, trop larges, trop entretenues, de Princeton. Il ne supporte plus la toge dont le port est obligatoire tous les soirs pour le dîner des étudiants du troisième cycle. Il sait qu'il aura plus de liberté et plus d'occasions de rencontres en Grande-Bretagne, même s'il admet se rapprocher du champ de bataille que les agissements d'Hitler ouvrent à coups de mensonges, de ruses et de haine. Sa mère vieillit et la perspective de se rapprocher d'elle lui semble légitime. Von Neumann n'insiste pas.

Il l'invite à dîner chez lui, en famille.

– Vous allez nous manquer, Alan. Je vous le dis avec beaucoup d'amitié mais aussi avec un grand regret. C'est en Amérique que le progrès s'imagine, c'est d'ici qu'il s'exporte. En Angleterre, vous ne trouverez jamais les mêmes moyens de recherche qu'en Amérique. Ici, nous inventons. L'Europe ne fait que reproduire. C'est ici qu'Einstein a publié *La Relativité générale*, que Margaret Mead a développé sa théorie sociale de l'esprit, que Keynes vient de présenter la théorie de la différence économique, que Kurt Gödel a imaginé le théorème de l'incomplétude…

– Je sais tout cela, professeur, même si je n'oublie pas non plus ce que l'Europe a découvert avec Henri Poincaré mais aussi avec le professeur de Broglie et sa mécanique ondulatoire, avec Joliot-Curie voici trois ans, qui démontre la relativité artificielle, et Enrico Fermi, qui découvre l'an dernier la fission de l'atome. J'allais oublier David Hilbert et la théorie des invariants...

– Vous avez raison, Alan, mais enfin, quoi ? Les moyens, ce sont les Américains qui les ont. Ce sont eux qui les développent...

– Professeur, vous limitez mon choix à une carrière professionnelle. En vérité, je suis aussi guidé par d'autres aspirations. Je n'ai pas quitté l'Angleterre à cause de la guerre mais c'est à cause d'elle que je veux y retourner. Ici, tout le monde s'imagine que le conflit est une hypothèse, et qu'il ne concernera au pire que l'Europe. Ce n'est pas mon avis. Je pense que la meilleure manière de défendre la paix, lorsqu'on est citoyen anglais, c'est de se battre pour elle en Angleterre.

– Je ne vous avais jamais connu aussi patriote que ces jours-ci ! ironise von Neumann

– Et puis, il y a aussi ma mère, qui est âgée...

– Alan, ne vous donnez pas tant de mal pour vous justifier. Avec l'expérience, j'ai appris que lorsqu'on donne plusieurs motifs à un acte, c'est toujours pour cacher sa vraie raison. Votre solitude, ici, vous pèse, n'est-ce pas ?

Alan ne répond pas, étonné que le professeur von Neumann parvienne si facilement à percer le secret de ses pensées...

Il soutient sa thèse avec succès et donne dans la foulée une conférence devant le club de mathématiques de Princeton. « Franchement, c'était d'un autre niveau que la conférence de George Birkhoff », écrit-il à sa mère en faisant référence au spécialiste de la théorie ergodique, qui s'était exprimé quelques semaines plus tôt devant une salle pleine à craquer, tandis que l'assistance réunie autour d'Alan se compte sur les doigts de deux mains. « Vous pouvez dire mille vérités, si vous n'êtes pas perçu comme un illustre penseur, elles se transforment en mille silences », constate Alan, déçu, qui ajoute : « J'ai toujours craint les mondanités, les fausses amitiés, les confidences rapides sans lesquelles pourtant, je le sais, le talent ne perce pas. »

Il ne perdra pas son temps dans les salons où l'on cause et où naissent les admirations. Il voudrait qu'une carrière résulte exclusivement de compétences reconnues. Jamais il ne comprendra qu'elle récompense aussi un tempérament. Il lui aurait peut-être fallu accepter cette cynique vérité prononcée par Napoléon : « Les hommes sont comme les chiffres. Ils n'acquièrent de valeur que par leur position… » Sans regret, il rentre en Angleterre.

9

J'ai donc trié ses papiers comme j'ai pu, retrouvé ses dessins d'enfant, avec des maisons surmontées de cheminées fumantes et bancales, de grands soleils inondant des prairies de toutes les couleurs.

Il avait également conservé ses cahiers d'écolier, sales, mal tenus. Les appréciations de ses professeurs étaient mauvaises : « Alan ne s'intéresse pas au cours », « Alan rend des devoirs illisibles », « Alan doit se reprendre s'il veut poursuivre sa scolarité dans notre établissement », « Il faut absolument qu'Alan se mette au travail », « La lune est très loin. Alan y passe toute la journée »… J'avoue qu'avec le temps, j'avais un peu minimisé tous les soucis qu'il nous avait causés… C'est incroyable comme l'amour des parents pardonne à leurs enfants.

J'ai souri aux petites phrases qu'il avait inscrites sur des papiers volants : « La mer, c'est de l'eau qui bouge », ou encore : « Une paupière, c'est un rideau pour les yeux. » Il avait le sens de l'observation. Le dessin d'un mouton était accompagné de cette légende : « Tout mouton possède quatre pattes qui descendent jusque par terre. » J'étais émue de tant d'innocence.

Je le revoyais courir dans mes bras, se blottir contre moi, m'apporter des bouquets de fleurs cueillies dans les champs, se mettre en colère aussi devant une assiette parce qu'il n'aimait pas le céleri et les choux…

Je me remémorais nos repas de famille, dont certains furent tellement gais. Comme ce jour où Alan avait affirmé que les poissons parlaient entre eux !

– Les arbres et les fleurs aussi ? avait dit John en riant.

– Absolument ! rétorqua Alan, en exhibant un petit dictionnaire des mots des poissons et des plantes, qu'il avait lui-même conçu.

Il affirmait que les fleurs communiquaient entre elles uniquement la nuit et seulement en été.

« Le reste du temps, elles réfléchissent, affirmait-il.

– Donc, lorsqu'elles parlent, elles ne pensent pas ? s'était moqué John.

– Pas du tout ! avait répliqué Alan. Elles se disent de jolies choses, ne se bagarrent jamais et elles s'entraident quand il pleut trop fort ou qu'il fait trop froid…

– Et elles rêvent aussi ? avait ajouté joyeusement son père.

– Bien sûr ! Elles rêvent qu'elles aimeraient savoir marcher, comme les hommes ont envie de voler, avait répondu très sérieusement Alan.

Nous nous étions lancés alors dans un jeu de devinettes sur les pensées des chênes, des saumons et des roses…

Alan avait l'esprit d'un poète et l'imagination d'un savant. Hélas, je n'ai pas retrouvé les pages qu'il avait écrites alors, dont la lecture nous avait tant fait rire.

J'ai progressé très doucement dans mon exploration, sans cesse rattrapée par des images, des souvenirs, des regrets. Les heures passaient si vite, et les piles diminuaient si lentement !

On se sent toujours coupable, lorsqu'on est parent, de n'avoir pas assez compris, entendu, encouragé, protégé un enfant. Alors, lorsqu'il disparaît, c'est pire encore.

J'ai aussi classé les lettres que je lui avais adressées. Je les ai toutes relues très scrupuleusement. J'ai guetté mes phrases, mes conseils, mes confidences de mère. L'avais-je déçu ? Avais-je manqué d'attention ? Étais-je au contraire parvenue à le réconforter ? Je scrutais chaque formule, cherchant à en mesurer la pertinence. Je constatai que nous nous écrivions au moins tous les quinze jours, sauf pendant la période de la guerre. Oh ! la censure ne me troublait pas. Mais lorsque les temps sont difficiles, on risque toujours de dévoiler ses inquiétudes, or je n'aurais pas voulu qu'il se fasse du souci pour moi. De son côté, je pense qu'il effectuait le même calcul.

Jamais, et j'en suis assez fière, je ne me suis plainte de quoi que ce soit auprès de lui malgré toutes les difficultés que j'ai dû surmonter. Jamais, depuis qu'il a quitté la maison, je ne lui ai fait d'autre reproche que celui d'écrire mal. Il m'arrivait de ne pas pouvoir déchiffrer ses lettres. Je pestais contre une calligraphie qui était soit trop rapide et bâclée, soit trop emberlificotée. Cela révélait-il un trait de caractère ? Je m'en inquiétais parfois. Aujourd'hui, je lui en veux encore davantage car lorsque je peine à le lire, je ne peux plus lui demander son aide.

Une seule fois, j'ai été réellement en désaccord avec lui. Ce fut à l'occasion de la mort de son père. Il refusait d'aller à son enterrement. Il m'avait dit :

– C'est un absent qui s'en va. L'homme auquel je dois la vie m'est aussi étranger qu'un passant croisé dans la rue. Il était mon père mais je n'étais pas son fils. Pour moi, il était déjà mort depuis longtemps.

– Non ! avais-je répondu. Même si nous étions séparés, ton père et moi, je ne peux pas accepter que tu parles ainsi de lui. Il t'a donné la vie : tu dois porter son deuil. Il t'a mal aimé, mais il t'a aimé, à sa façon.

Je me souviens qu'Alan n'avait rien répondu... Il n'avait pas changé d'opinion ni d'attitude. Cela m'avait heurtée. Je le trouvais trop dur, trop entier, face à un événement qui devait forcément l'affecter.

Je lui en avais fait la remarque beaucoup plus tard, un jour où il était venu déjeuner à la maison. À froid, j'imaginais qu'il reconnaîtrait son erreur.

– Il faut donc dissimuler ses sentiments en toutes circonstances ? Ne pas dire qu'on aime ? Ne pas dire qu'on n'aime pas ? m'avait-il rétorqué.

Je n'avais pas voulu le contredire mais, au fond de moi, je regrettais le petit garçon tendre qu'il avait été. Je tentai de lui remémorer nos bons souvenirs, les parties d'échecs avec son père, nos promenades dominicales dans des jardins publics où nous admirions les fleurs et leurs pétales ordonnés, mais aussi les arbres, dont il comptait les branches. J'aurais aimé qu'il admette les efforts que nous avions faits pour l'aider au mieux.

– Papa ne m'a jamais encouragé, a-t-il ajouté avant de conclure, sous forme de jugement dernier : Un jour, John a demandé à Papa ce qu'il détestait le plus. Il avait répondu sans hésiter : « Ce que je déteste le plus, c'est la triche, parce que tricher supprime le hasard. » Alors, tu comprends, ce n'est pas aujourd'hui que je vais tricher !

C'était une réponse logique. Mais je n'avais pu m'empêcher de penser qu'à force de concevoir des machines étranges, d'imaginer des choses complexes, mon fils avait peut-être perdu un peu de sa sensibilité…

10

À L'ORÉE DU PRINTEMPS 1938, l'Angleterre tout entière est en émoi. Ce ne sont ni la guerre qui se profile, ni les péripéties récentes de la famille royale, ni le drame d'un chômage en forte progression qui provoquent cette ébullition générale. À travers le pays, des queues se forment à tous les coins de rues, dans chaque quartier, dans toutes les villes, devant les salles de cinéma où l'on projette pour la première fois le dessin animé produit par les studios Walt Disney : *Blanche-Neige et les sept nains*. Le film est sorti aux États-Unis depuis trois mois, où il a rencontré un succès phénoménal malgré les avis des professionnels d'Hollywood persuadés qu'« aucun spectateur ne tiendrait quatre-vingt-dix minutes devant un dessin animé sans devenir aveugle ».

Le scénario du film est simple : c'est l'histoire de la relation entre une reine jalouse et une jeune princesse plus jolie qu'elle. Décors conçus en trois dimensions, musique et chansons faciles à fredonner : les ingrédients de la réussite sont rassemblés. Des arbres prennent vie au cœur d'une forêt menaçante où une sorte de chalet russe abrite sept nains. La sorcière est si laide que même un corbeau prend peur en l'apercevant. Le succès américain de *Blanche-Neige* se propage à l'Europe entière. Preuve du réalisme de ce chef-d'œuvre, les autorités anglaises l'interdisent aux enfants de moins de douze ans, estimant que certaines scènes peuvent choquer par leur dureté.

La cohue se prolonge pendant plusieurs semaines. Un spectateur l'affronte avec chaque fois la même impatience : Alan Turing. Il a vu le film une première fois tout seul. Il est sorti de la salle en larmes. Jamais il n'avait ressenti une pareille émotion. Les baisers de Blanche-Neige à chacun des nains, sa danse légère, la voix cristalline d'Adriana Caselotti, l'affreuse sorcière au nez crochu qui prépare son odieuse mixture avec un rire maléfique, tous ces passages l'ont impressionné. Alan y retourne à six ou sept reprises avec des amis différents. Il veut leur faire partager sa découverte et son émotion. Il sait bientôt par cœur les mots de la sorcière : « Plonge la pomme dans le brouet et laisse le sommeil de mort l'imprégner. » Lors de chaque visionnage, son espoir que Blanche-Neige ne mange pas la pomme est évidemment déçu et il pleure de la voir mourir. Ce film rentre dans sa vie pour toujours.

A-t-il l'âme trop fragile, lui, le dur en maths ? N'est-ce pas infantile, de pleurer sur le sort d'une princesse qui retrouve en fin de compte la vie au bout de l'histoire ? Pourquoi tant d'enthousiasme pour les salles obscures, alors qu'Alan n'est pas cinéphile ? Il n'était jamais allé au cinéma auparavant : l'idée lui suffisait.

Il a vingt-six ans, des diplômes, des amis, des passions. Rares sont les garçons de son âge qui ont déjà traversé l'Atlantique, croisé des sommités mondiales, conçu des inventions publiées dans des revues expertes, réalisé des exploits sportifs de premier plan. Et voilà que ce jeune homme promis à un avenir que beaucoup lui envient s'effondre devant un simple film de fiction.

– Tu as vraiment trop d'imagination, mon pauvre Alan, suggère Terence, son ami.

– Ou alors, c'est toi qui manques de sensibilité ! réplique Alan. Moi, ce qui me trouble dans cette histoire, c'est la méchanceté des autres, leur jalousie.

– Tu découvres cela à ton âge ? ironise Terence.

– Je crois qu'en général, on aime ce que les autres désirent. J'admire ceux qui cherchent à atteindre le beau, le vrai. Je ne supporte pas l'idée que l'on détruise ce qui nous fait envie, juste parce qu'on ne peut pas l'atteindre.

Les deux hommes marchent dans les rues de Londres des heures entières, pour tromper une inactivité provisoire. Ils croisent portiers, badauds, bouquetières, soldats, militants de l'Armée du salut et musiciens ambulants, dans des uniformes ou des costumes hétéroclites. Ils visitent le nouveau zoo, surprennent les démolitions d'immeubles, les transformations d'hôtels particuliers en grands magasins ou en immeubles de rapport, se rassurent à constater que les maisons disparaissent plus méthodiquement que les arbres : Londres respecte la nature et les plantes.

Terence doit prochainement rejoindre un poste d'ingénieur dans l'industrie automobile. Alan s'apprête à retrouver les estrades de l'université de Cambridge, où il enseignera les mathématiques tout en poursuivant ses recherches entamées aux États-Unis. « Ce temps libre est un temps mort », regrette-t-il toutefois dans son cahier. La modernisation des trolleybus ou la reconstruction du pont Waterloo ne suffisent pas à occuper leurs loisirs. Heureusement, il y a le théâtre, les salles de cinéma, l'arrivée, tout droit des États-Unis, des comédies musicales. Cette intrusion de la culture américaine au coin de chaque rue de Londres fait sourire Alan : le professeur von Neumann, si fier de la suprématie de son pays d'adoption, n'avait pas évoqué la puissance culturelle des États-Unis pour le persuader de rester à Princeton…

Son compagnon voudrait initier Alan à l'art vivant, au spectacle sous toutes ses formes :

– Plus nous découvrirons ensemble la variété des créations culturelles, plus nous ressentirons côte à côte les mêmes émotions et plus nous serons complices. Fabriquons-nous des souvenirs communs, plaide-t-il.

Mais Alan préfère courir dans les jardins publics ou les squares plutôt que s'endimancher pour faire bonne figure au milieu de parterres de salles qu'il juge superficiels. Les entractes l'agacent :

– Les gens s'exclament, braillent, se disputent autour d'impressions qu'ils auront oubliées le lendemain matin, juge-t-il. Pour me détendre, je préfère une partie de jeu de go ou d'échecs.

Kenneth doit s'y résoudre : Alan n'apprécie pas la foule, les files d'attente, les applaudissements à l'issue d'un spectacle, les discussions sans fin autour d'un verre sur le jeu des acteurs et les subtilités des mises en scène.

Les deux hommes se querellent :

– Ta curiosité ne se tourne que vers le superflu, lance Alan.

– Mais non ! C'est ton égoïsme qui te ferme les portes de la culture, proteste Kenneth. Il ne suffit pas d'avoir aimé *Blanche-Neige* pour être un cinéphile !

– Je cherche des émotions plus fortes que la simple admiration des dents blanches d'une actrice, ou d'une repartie bien placée au deuxième acte, poursuit Alan.

– Tu ne supportes que ce qui te plaît. C'est difficile de vivre avec toi. Tu ne fais aucun effort pour comprendre l'autre, conclut Kenneth.

Ils se séparent. Comme d'habitude, ce n'est pas lui qui rompt. Trop concentré sur ses projets, trop attentif à ses performances sportives, il n'est pas, à l'évidence, un compagnon préoccupé par l'épanouissement de ses partenaires. Lorsqu'ils annoncent leur lassitude, il est le premier surpris. Il est trop tard et il en souffre.

Mais cette fois-ci, il ne pleure pas sur son sort.

Les services secrets britanniques l'approchent. Ils jugent qu'un scientifique aussi chevronné qu'Alan, aussi performant que lui, peut et doit apporter son savoir à la cause de la guerre qui se prépare.

– Nous cherchons les meilleurs, explique son interlocuteur. Qui mieux que vous pourrait aujourd'hui s'investir dans les recherches à mener dans le domaine de l'encodage et du décodage des messages militaires ?

Alan reçoit le compliment sans paraître surpris. Être indispensable à son pays le flatte. Disposer de moyens qu'aucune université ne serait en mesure de lui proposer l'intéresse.

– En nous rejoignant, vous allez découvrir la grande famille du silence, le prévient le directeur de l'Intelligence Service. Vous pénétrez dans l'école du secret. C'est-à-dire que désormais, vous serez à la fois torturé par la curiosité et contraint par les confidences. À partir de ce jour, une partie de votre mémoire appartient définitivement à la Grande-Bretagne.

Alan ne discute pas. S'il faut faire la guerre, ce à quoi il répugne, au moins il y jouera un rôle utile à la défense de son pays. Sa connaissance des langues française et allemande, ses travaux publiés sur la théorie des nombres sont autant d'atouts qu'il est prêt à mettre au service de la Couronne.

Il débute sa formation militaire tout en entamant sa jeune carrière de professeur à Cambridge, où son cours sur l'histoire de la logique mathématique est suivi par quatorze élèves.

– Ce nombre diminuera avec le temps, affirme-t-il, fataliste, à sa mère.

Elle lui répond aussitôt :

– D'où te vient cette certitude ? Je n'aime pas que tu te sous-estimes. C'est une manière d'écrire l'avenir avec pessimisme. Je préfère la modestie, qui consiste à regarder le passé avec un peu de distance. Moi, je sais que tu vas réussir.

Son manque de confiance dans ses qualités pédagogiques est contredit par les faits. Si son élocution médiocre et le timbre désagréable de sa voix constituent des handicaps, en revanche, le sérieux de son cours, sa capacité à expliquer les théories qu'il développe et l'attention qu'il porte à ses étudiants sont des qualités essentielles à leurs yeux.

Le voilà littéralement happé par ses nouvelles charges. Pendant le peu de temps libre qui lui reste, il assiste aux conférences du professeur Ludwig Wittgenstein, le célèbre philosophe autrichien. Cet esprit lumineux doute qu'un quelconque progrès mathématique soit encore possible.

– Les mathématiques expriment seulement un sens conventionnel, un état de fait établi, explique-t-il.

Et pour démontrer sa théorie, Wittgenstein affirme qu'une contradiction dans un système logique n'a aucune conséquence concrète dans la vie quotidienne.

– Faux ! réplique Alan Turing. Si vous commettez une erreur de calcul, le pont que vous projetiez de construire s'effondre. Les choses pratiques peuvent mal tourner si personne n'a vu leur contradiction !

– La différence entre un bon et un mauvais architecte tient à ce que le mauvais prend des risques, embellit ses plans, succombe aux tentations d'alourdir les structures, tandis que le bon leur résiste, répond Wittgenstein.

– C'est juste, confirme Alan. Et les mêmes contraintes s'appliquent aux mathématiciens… Ils doivent avancer dans leurs démonstrations avec une rigueur intraitable. Les fioritures sont toujours une faute.

Le débat entre les deux hommes se prolonge séance après séance sous l'œil médusé des autres étudiants. Ils sont stupéfaits de l'assurance d'Alan et de son effronterie. Tandis qu'il défend l'idée qu'avec une machine, certains calculs pourraient ne plus jamais être faux, Wittgenstein objecte que celle-ci ne peut calculer que ce qu'imaginent les humains :

– Une machine soulage le travail, tout au plus, affirme-t-il.

– Je comprends ce que vous dites, mais je ne suis pas d'accord ! réplique Alan qui n'abdique en aucune circonstance ses convictions. La machine simplifie et sécurise les calculs.

Là où d'autres se seraient sans doute perdus en conjectures, là où l'autorité d'un professeur aurait pu anéantir l'imagination de son élève, là où la solitude du scientifique aurait conduit à son découragement, Alan, au contraire, puise sa force.

– Tu y vas un peu fort, lui lance un étudiant étonné des débats qu'Alan impose à Wittgenstein. Ta contestation dépasse les limites de la courtoisie.

– Peut-être, mais le monde se classe en deux catégories, réplique Alan, d'un côté, les hommes qui font ce qu'ils pensent et, de l'autre, les hommes qui font ce que pense leur entourage. Toi, tu te places où tu le souhaites. Moi, j'appartiens au premier camp !

Alan ne tolère pas que l'on méprise la science mathématique, que l'on joue sur les mots comme le fait Wittgenstein qui théorise à l'infini pour savoir si les mathématiques sont l'occasion de découvertes ou d'inventions. Les mots, pense Alan, sont bien pauvres face aux chiffres et aux calculs.

– On peut écrire des poèmes sur la lune, mais il faudra des mathématiques pour y aller, lance-t-il lors d'un débat où, pour une fois, il séduit l'assistance.

– Bravo ! Enfin du bon sens ! s'enthousiasme un participant converti par Alan.

– Merci de votre soutien. Mais je ne prétends être à la tête d'aucune école de pensée, je ne cherche aucun apôtre de mes thèses, lui répond-il sèchement. Ceux qui approuvent les théories de Wittgenstein découvriront très vite qu'elles ne débouchent sur rien de concret. Moi, je mesure que la vie est courte et le temps, compté. Alors, je fais mon chemin sans attendre qu'on le trace pour moi.

En réalité, Alan ne supporte ni ordre ni soumission aux règles établies. Il mobilise toute son énergie pour imposer sa propre méthode, sa discipline, son style. Il ne s'embarrasse pas de disciples à former. Il avance seul.

Ce n'est pas toujours si simple, lorsqu'il s'agit de convaincre certaines institutions pourvoyeuses de fonds, puisque l'université ne peut financer tous ses travaux. Mais Alan trouve les mots. Il parvient, à force de persévérance, à obtenir des subsides, sans trop savoir si les moyens qui lui sont octroyés résultent de la confiance qu'on lui témoigne ou de la lassitude de ses interlocuteurs. En tout cas, il est tenace jusqu'à frôler l'incorrection. Lorsqu'on lui objecte un refus, il fait mine de n'avoir pas compris, sollicite un nouveau rendez-vous, répète ses arguments dans un ordre modifié, remercie de l'aide qu'on ne lui a pourtant pas encore confirmée, obligeant bien souvent le donateur potentiel à une générosité courtoise. S'en rend-il compte?

– Au fond, si l'on supporte mes travaux, ce n'est pas pour remercier mon passé, mais parce que l'on croit dans mes chances à venir, préfère-t-il trancher.

– Tu pourrais tout de même être reconnaissant de ces générosités, lui suggère sa mère.

– La reconnaissance est un sentiment terrible. Il me placerait en subordonné. Ma manière de remercier, ce n'est pas de promettre une gratitude. C'est de me mettre au travail, réplique-t-il.

S'il convainc, c'est surtout parce qu'Alan n'a rien d'un plaisantin et qu'il sait déclencher la curiosité de ses interlocuteurs. On trouve toujours des mécènes et des partenaires aux côtés des aventuriers du progrès.

Il veut, à force de recherches, d'intuition et d'expériences, concevoir des outils et des appareils utiles à la rapidité et à l'infaillibilité des calculs.

– Avec moi, jamais un pont ne s'effondrera, clame-t-il.

Et sa voix trouve facilement un écho dans la société britannique, auprès des militaires qui détestent l'incertitude, auprès des hommes de guerre qui savent l'importance du calcul dans la définition de la trajectoire d'un projectile, auprès des combattants de la liberté face au nazisme, qui cherchent à mobiliser toutes les intelligences du pays pour faire rempart à la menace allemande.

Alan-le-pacifiste est-il prêt à cette alliance pour parvenir à ses fins ? Est-il capable d'accepter les règles strictes de l'armée aux seules fins de développer sa machine ? Pourra-t-il supporter la hiérarchie et faire équipe avec un bataillon d'intellectuels aussi indépendants d'esprit que lui ?

11

CET HOMME A UNE ALLURE FOLLE. Un long front dégarni, un visage aquilin, un regard vif qui perce à travers de fines lunettes rondes en écaille. Le professeur von Neumann est venu hier à la maison. Il m'a offert un magnifique bouquet de roses.

– Je ne sais pas rendre visite à une femme sans lui apporter des fleurs ! s'est-il exclamé avec un large sourire.

Il a posé son pardessus dans l'entrée, un peu comme s'il était chez lui. Cette décontraction m'a mise en confiance. Son élégance m'a pourtant troublée. Il émanait de lui une sorte d'aisance naturelle qui le plaçait d'emblée à un niveau qui n'est pas le mien. Je ressentais, malgré ses efforts de simplicité, que nous n'étions pas du même monde. C'est petit et sombre chez moi, et je ne suis pas habituée à recevoir des personnalités de cette envergure. D'ailleurs j'ai dû mettre les fleurs dans une carafe : je n'ai pas de vase !

Il a souri avec une extrême gentillesse.

– Chère madame, je suis d'autant plus heureux de vous rencontrer que votre fils m'a très souvent parlé de vous. Il vous adorait, vous savez ?

Je n'ai rien répondu. « S'il m'aimait tant, pourquoi donc Alan m'a-t-il fait souffrir en mettant fin à ses jours ? » ai-je pensé.

– C'était un être exceptionnel, un remarquable savant. La science lui doit beaucoup plus qu'on ne peut l'imaginer, a-t-il ajouté. Je tenais absolument à vous le dire. Vous comprenez ?

– C'est très gentil, monsieur von Neumann. Alan m'a dit aussi beaucoup de bonnes choses à votre propos. Vous l'avez sans cesse soutenu. Il vous en était très reconnaissant. Sans votre aide, je crois qu'il ne serait jamais devenu le savant dont on parle.

– Alan n'a jamais été vraiment défendu par la communauté scientifique. Il en était tout juste accepté. Les scientifiques n'ont pas pour caractéristique d'être très romantiques. Or votre fils détonnait par son originalité et sa très grande sensibilité. Cela ne plaisait pas à tout le monde. Il faisait partie des très rares mathématiciens connaissant par cœur des dizaines de poèmes, et n'hésitant pas à les réciter, comme ça, juste pour son plaisir. Je trouvais cette liberté formidable. Je crois sincèrement que son talent était son pire ennemi. Il fabriquait de la jalousie comme la fontaine donne de l'eau, voyez-vous.

– Au milieu de tout cela, vous l'avez aidé !

– Je l'ai encouragé, c'est vrai. Mais soyons franc : autant par sympathie que par intérêt. J'appréciais l'homme d'apparence réservée dont le cœur et le cerveau bouillonnaient. Mais au-delà de la complicité intellectuelle, je dois vous le dire sans détour : une partie de mes travaux a gagné en temps et en clarté grâce à son aide.

Le professeur m'a ensuite parlé des recherches qu'ils avaient menées ensemble, de leurs discussions, et notamment du fameux « modèle de calculateur de programme à mémoire unique » qui semblait le passionner. Tous ces mots étaient bien compliqués pour moi.

– Je vous perds un peu, madame, avec mes théories, n'est-ce pas ? Les gens qui croient que les mathématiques sont simples... se trompent autant que tous ceux qui jugent la vie facile !

– Comme vous avez raison, professeur...

J'ai fait semblant de comprendre tout ce qu'il m'expliquait sur les « unités mathématiques et de contrôle », et je ne sais plus quoi encore. Personne n'admettrait qu'une mère ne sache pas exactement ce à quoi travaille son fils. J'acquiesçai d'un air entendu, en priant le ciel qu'il ne me pose aucune question...

– Ma femme et moi voulons absolument vous aider, si vous en éprouvez le besoin, m'a-t-il ensuite proposé. Bien sûr, nous sommes presque tout le temps aux États-Unis, sauf lorsque mes obligations m'en éloignent. Mais avec les moyens modernes de communication, la distance n'est plus une contrainte. Et puis la guerre est finie, et c'est en partie grâce aux travaux d'Alan, vous le savez. Sans lui, je ne suis pas certain que les Alliés auraient remporté la victoire du débarquement... Un jour, je l'espère, on reconnaîtra son rôle décisif dans cette bataille.

– Peut-être exagérez-vous un peu, professeur, ai-je osé. Alan n'était pas sur le front des opérations militaires...

– Alors je vais être très franc, madame : c'est votre pays qui a exagéré ! J'ai trouvé scandaleux, oui, c'est le mot, qu'on traite votre fils avec autant de désinvolture, de mépris et d'indignité après la guerre alors qu'Alan a contribué à sauver des milliers de vies humaines pendant ce conflit. Croyez-moi, madame ! Des milliers, des dizaines de milliers de femmes et d'hommes, civils et militaires, lui doivent leur survie. C'est un fait certain. Et je vais vous faire un aveu : si Alan était encore parmi nous, je crois qu'il nous aiderait efficacement dans notre lutte contre le communisme.

Parce que la guerre du monde libre est infinie. Hier, les nazis, aujourd'hui, les Soviétiques...

Le professeur s'est alors lancé dans une diatribe incroyable contre Staline et ses méthodes. Il parlait si vite et si bien, il donnait des détails tellement épouvantables sur le régime communiste, que j'ai même cru un instant le diable géorgien derrière ma porte !

Je n'aurais pas voulu que le professeur s'en aille sans lui offrir quelque chose à boire, en l'honneur d'Alan. Il accepta aussitôt ma proposition et avala d'affilée trois grands verres de whisky. Difficile d'imaginer qu'un scientifique d'une telle renommée puisse se montrer aussi bon vivant. Tout à coup, j'ai pensé que l'austérité qui caractérise les mathématiciens n'existait que dans les livres. Le professeur était joyeux, multipliait anecdotes et bons mots.

– Vous savez, nous avons souvent ri ensemble, Alan et moi, a-t-il ajouté. Un jour, à voix haute dans la salle des professeurs, il m'a interpellé devant tous nos collègues : « Monsieur le professeur, toute évidence porte en elle ses conditions. Ainsi, nous sommes d'accord pour dire que le plus court chemin d'un point à un autre, c'est la droite, n'est-ce pas ? Eh bien, il y a toutefois une condition : c'est que ces deux points soient l'un en face de l'autre. » Nous sommes tous partis d'un fou rire qui n'en finissait pas. C'était formidable.

Le professeur était devenu intarissable.

– Alan n'était pas du tout diplomate, constata-t-il. Il avait, selon une expression commune, un caractère bien trempé. Un jour, nous étions à table avec le vice-président d'une grosse firme. Nous parlions d'intelligence artificielle. Notre interlocuteur nous expliquait pourquoi son groupe ne pourrait pas financer le projet qu'Alan défendait. « C'est dommage, a répondu votre fils à voix haute. Mon projet est pourtant accessible. La preuve, c'est que je ne cherche pas à simuler un cerveau puissant, mais plutôt un cerveau médiocre comme, par exemple, celui de votre président. » Vous imaginez, madame, qu'il ne s'est pas fait un ami !

J'écoutais toutes ces anecdotes avec une curiosité et une bonne humeur qui me surprenaient. Je me disais que tant qu'il me parlait, le professeur faisait revivre mon fils. Je ne sais pas au juste combien d'heures il est resté chez moi. Mais j'ai vraiment regretté qu'il s'en aille.

12

– Vous devez signer votre carte, monsieur Turing. Cette formalité est obligatoire !

– Ah bon ? Mais le règlement stipule qu'il ne faut rien écrire sur les documents officiels…

– Peut-être, mais votre carte d'accès n'aura aucune valeur sans votre signature. Je suis désolé. Je ne fais qu'appliquer les textes.

– J'ai le sentiment que nous avons raison tous les deux. Disons qu'il y a une contradiction manifeste. Et je ne vois pas trop qui peut nous départager. Sans doute dois-je faire demi-tour ?

L'échange est vif entre le soldat en faction à l'entrée de Bletchley Park et le mathématicien. Un officier est appelé en renfort. Il se présente avec l'air sévère des gens qui croient détenir une autorité. Il toise Alan.

– Vous ne croyez pas qu'ici, on a autre chose à faire qu'à ergoter sur un règlement ?

– C'est bien mon point de vue, rétorque Alan. Je croyais être attendu et je suis refoulé. Est-ce ma faute si cette discussion fait perdre du temps à tout le monde ?

– Pour vous, nous allons faire une exception, concède le capitaine de garde, qui veut en finir avec ce pinaillage.

– Mais je ne veux aucun passe-droit ! Je souhaite juste que vous appliquiez le règlement, répond Alan qui semble aimer compliquer les situations. Les textes sont très clairs : toute mention écrite sur les pièces officielles est interdite. Logiquement, cela signifie que je ne dois pas signer vos formulaires.

À défaut d'être célèbre, Alan, en ce 4 septembre 1939, vient d'établir d'emblée sa réputation au cœur du lieu le mieux gardé d'Angleterre après Buckingham. Le centre opérationnel de l'École nationale britannique des codes secrets découvre le tempérament de celui auquel il a décidé de confier l'une de ses missions les plus stratégiques.

Alan pousse son vélo vers un mur, s'éponge le front, range ses papiers dans son portefeuille et entame un sandwich réparateur.

Tout autre que lui aurait couru vers le quartier général afin de s'y présenter sans tarder. Il préfère savourer les dernières minutes de son indépendance, les ultimes instants de sa vie civile avant de rejoindre son poste. D'ailleurs, pourquoi se presser, lorsqu'on est attendu ?

Il traverse à bicyclette ce domaine qui fourmille déjà d'activité.

Bletchley Park est un espace clos où résident, travaillent et s'entraînent des militaires mobilisés contre le Reich et l'oppression nazie. Ici, on fait la guerre. Tout le monde est investi pour la Couronne et pour la liberté.

Situé à mi-chemin entre Oxford et Cambridge, au nord de Londres, ce vaste camp composé de prairies et d'étangs est devenu une véritable ville de sept mille âmes. Ses constructions sommaires en préfabriqué se côtoient en ordre serré dans un périmètre ceint de barbelés. On sent que l'urgence et les nécessités se sont conjuguées dans l'édification du lieu. L'ensemble est perpendiculaire et carré, à l'image d'une caserne ou d'une prison. Un plan strict ordonne les activités de chaque secteur. Ici, les habitations ; là, le quartier général installé dans un manoir victorien ; un peu plus loin, les bureaux, les ateliers et les entrepôts. Quelques espaces verts qui ont résisté à cette éclosion urbaine. Au fur et à mesure que les besoins se sont fait sentir, des baraquements de chantier se sont agglutinés jusqu'à enserrer étroitement le quartier général. L'ensemble est aussi disgracieux qu'un campement provisoire ou qu'un quartier défavorisé. C'est là, au cœur de cette étrange installation de fortune, au centre de cette accumulation bariolée et hétéroclite, qu'une petite équipe attend l'arrivée d'Alan dans la hutte portant le numéro huit.

Linguistes experts, cruciverbistes chevronnés, mathématiciens de talent et champions de jeux d'échecs y sont réunis pour percer au plus vite le secret d'Enigma, cette machine conçue par le docteur Scherbius, grâce à laquelle le commandement nazi adresse tous ses ordres aux unités allemandes.

Polonais, anglais ou américains, triés sur le volet de l'intelligence, ces hommes seront placés sous l'autorité d'Alan pour déchiffrer les codes ennemis.

L'appareil Enigma ne pèse que douze kilos. Il ressemble à une machine à écrire placée dans un coffret en bois. L'ensemble est muni de vingt-six lampes (une par lettre de l'alphabet) protégées d'un couvercle, au-dessus desquelles fonctionnent trois rotors, chacun équipé d'un anneau déplaçable dans six positions différentes. Enigma a été conçu à près de vingt mille exemplaires. L'engin équipe les états-majors et de nombreuses unités combattantes, notamment maritimes.

Le principe du cryptage est simple : l'opération consiste en une permutation des lettres de l'alphabet par l'émetteur du message, que son récepteur saura inverser grâce à sa connaissance d'un code secret modifié quotidiennement.

Tout cela semble un jeu d'enfant, une sorte de puzzle à reconstituer. Mais depuis plusieurs années, les experts du décryptage piétinent.

Chaque jour en effet, les Allemands modifient l'ordre des rotors, celui des anneaux et les lettres clés. Lorsqu'ils rentrent une lettre de l'alphabet dans Enigma, le courant circule depuis le clavier jusqu'au premier rotor qui, changeant de position, modifie l'identité de la lettre. Le courant traverse ensuite le deuxième rotor, qui entraîne une nouvelle modification et ainsi de suite. La multitude des combinaisons auxquelles Enigma soumet n'importe quel texte rend ce dernier indéchiffrable. Le nombre de clés possibles est de plusieurs millions de milliards et une seule lettre peut avoir 17 576 parcours différents…

La mission confiée à Turing et son équipe consiste à comprendre la logique d'Enigma et celle de ses utilisateurs, à déterminer le rythme des changements que les Allemands opèrent quotidiennement pour brouiller leurs messages et à rendre compréhensibles des textes indéchiffrables en l'état.

S'attaquer à un tel objectif est aussi vain, aussi fou, aussi périlleux, aussi absurde, que de vouloir traverser l'Atlantique à la nage ou conquérir l'Himalaya à mains nues. L'analyse raisonnable des chances de succès d'un pareil projet conduit toute personne sensée à y renoncer sur-le-champ.

Mais l'hypothèse de la réussite ouvre dans le même temps des perspectives extraordinaires : briser le code d'Enigma, c'est connaître les dates et les lieux des offensives allemandes avant qu'elles ne soient engagées, percer la stratégie et les intentions du Reich, sauver des milliers de vies humaines, civiles et militaires. Vaincre le mystère d'Enigma peut changer le cours de la guerre et briser l'actuelle suprématie allemande.

– Disposerons-nous des moyens nécessaires ? s'inquiète Alan, que le commandant de Bletchley Park reçoit en début d'après-midi.

L'officier, mince et chauve, observe avec attention le nouveau venu. Plusieurs rapports lui ont été communiqués sur le mathématicien. Alan y est décrit comme « une personnalité forte et excentrique, déterminée et difficilement malléable ». L'officier allume un cigare, épluche devant Alan les feuilles dactylographiées et les stencils posés sur son bureau. Cette manière de signifier une forme d'autorité, de se comporter comme un maître d'école, ou comme un médecin consultant le diagnostic d'un confrère sans s'intéresser à son interlocuteur, est insupportable à Alan qui tapote subitement le bord de la table comme s'il jouait du piano.

– On me dit que vous avez du caractère et des relations bien placées, Turing. Mes informations sont-elles justes ?

– Si chacun s'occupait d'abord de lui-même, je suis persuadé que le monde tournerait mieux, mon commandant. Je ne suis pas un très bon commentateur de ma propre vie. J'ai l'habitude de travailler, le souci de réussir et la mission de servir mon pays. Il est vrai que je n'ai pas beaucoup le sens de la conversation…

– C'est ce que je comprends, en effet. Mais je vous souhaite tout de même la bienvenue, Turing.

Le commandant se lève, se dirige vers la fenêtre de son petit bureau, tourne le dos à Alan en allumant un cigare et, pointant son index en direction du camp, poursuit :

– Nous serons presque voisins. À peine quelques yards. Si la géographie a un sens, cela signifie que votre responsabilité va être considérable!

– C'est une perspective qui ne m'effraie pas. À condition de disposer de matériel et de temps, mais aussi d'une certaine indépendance dans le choix des méthodes à employer pour remplir les objectifs. Je n'aime pas être surveillé.

– Rien ne vous sera refusé, Turing, sauf le temps. Cette opération, qui portera le nom de code « ultra », bénéficiera de tous les soutiens que vous jugerez nécessaires. Le Premier ministre considère que votre mission est cruciale. Vous disposerez de tout ce que vous demanderez. Mais en contrepartie, entendez-le bien : le gouvernement vous demande l'impossible. Et vous devez réussir très vite.

– Est-ce un ordre ou un défi? interroge Alan.

– Je crains que ce ne soit l'un et l'autre, soupire le commandant. Vous bénéficiez néanmoins d'un atout décisif. Nous avons recruté une équipe qui rassemblera autour de vous les meilleurs talents que possède l'Angleterre dans les domaines de la logique et de la déduction.

– Est-ce vraiment une chance? interroge Alan.

– Je ne vous comprends pas…

– Oh ! c'est pourtant assez simple, mon commandant : je me méfie toujours de ceux qui me montrent un chemin…

– Pourquoi donc ?

– Parce qu'ils m'empêchent de m'égarer !

– Je vous suggère vraiment de vous perdre… dans la bonne direction, Turing, réplique le commandant qui ajoute : Ici, nous ne sommes ni dans un laboratoire d'analyse fondamentale ni dans une faculté. Nous sommes en guerre. C'est ma mission de vous le rappeler. Nous avons l'obligation de réussir. Vous comme moi.

En se dirigeant vers la hutte numéro huit, Alan prend soin de ne pas se retourner sur l'édifice qu'il vient de quitter. Persuadé que le commandant le suit du regard depuis sa fenêtre, il s'assoit sur un banc, allume une cigarette et sifflote d'un air dégagé. C'est sa forme d'insolence. Il sort de son sac son cahier vert et y note ces quelques mots : « Je ne me laisserai jamais impressionner par les uniformes. Ce sont des déguisements. » Puis il se lève et part lentement découvrir son nouveau lieu de travail.

Il comprend que les mois à venir seront épuisants et incertains. Il n'aime pas trop diriger des équipes, et craint d'être maladroit. La psychologie appliquée, ce n'est pas son point fort.

Ce qu'il ne sait pas encore, c'est que sa mission durera plusieurs longues années.

L'Angleterre subit un blocus maritime qui menace tous ses approvisionnements. Elle se rationne en beurre, en sucre et en viande. L'hiver est particulièrement rigoureux. Mais la guerre et l'effort qu'elle suppose ne supportent aucune économie dans la défense du pays. Il s'agit de remporter ce qui sera la plus longue bataille de l'histoire de l'Atlantique, d'éviter la rupture d'approvisionnement du Royaume-Uni en denrées et en armes. Le dernier adversaire européen de l'Allemagne nazie aspire à jouer un rôle stratégique dans la reconquête espérée du continent opprimé.

Entre septembre et décembre 1939, plus de 810 000 tonnes de marchandises alliées sont coulées par les armées allemandes. Les convois maritimes, indispensables à la survie de l'économie britannique, sont attaqués de manière systématique, les pertes humaines et matérielles sont considérables. L'année 1940 est plus terrible encore : près d'un convoi allié sur cinq ne parvient pas à destination. Plus de quatre millions de tonnes sombrent dans les profondeurs de la mer. Plusieurs milliers de marins périssent noyés.

Loin du théâtre des opérations, Alan et son équipe travaillent sans relâche pour essayer de décrypter les messages allemands. Sans répit et sans succès.

Ils s'acharnent, des jours et des semaines durant, sur les textes interceptés, les désossent et les recomposent, tentent des milliers d'hypothèses qui, toutes, se révèlent fausses. Ils scrutent les répétitions, les traduisent et les déchiffrent, pour toujours aboutir à des incohérences qui les découragent. Les contresens se multiplient et les déceptions s'accumulent.

– On a l'impression de lire des propos surréalistes, se désole Alan.

– Ou les messages de Radio Londres destinés aux résistants français, corrige l'un de ses assistants. L'autre jour, notre traduction a conclu sur ces phrases sans aucun sens : « Les bateaux rouges sont incapables de voler dans la moutarde tiède du soir » ou encore : « La nuit, le peuple vert crayonne une girafe sans jamais pleurer. » S'agirait-il de messages codés deux fois, avec des chiffres, puis avec des mots ?

Les théories s'écroulent les unes après les autres dans le labyrinthe insensé des messages qu'Enigma crache sans répit. Certains collaborateurs abdiquent :

– C'est une mission impossible ! C'est comme si on nous demandait d'enlever le sable d'un désert, grain par grain…

D'autres propagent la contagion du renoncement :

– Il vaudrait mieux partir faire la guerre, plutôt que de rester ici, à tenter de la comprendre…

Dans le seul mois d'avril 1941, l'Allemagne détruit 688 000 tonnes de matériels maritimes alliés. Le temps presse et la solution n'apparaît pas.

– Jamais nous ne parviendrons à déchiffrer cette langue deux fois ennemie, soupire Alan. Qu'il y ait du vent ou non, nous oscillons comme nos marins entre l'espoir d'arriver au port et l'inquiétude de ne jamais déceler un seul phare, observe-t-il.

Mais il est tenace. C'est la force des orgueilleux. Il veut prouver, comme toujours, que sa démarche est la bonne parce qu'elle est la seule possible. Et puis… n'est-il pas le meilleur ?

– Il faut construire une machine, c'est l'évidence, affirme-t-il. C'est la seule façon de surmonter la complexité de la tâche.

Son vieux rêve d'étudiant va prendre la forme d'une arme de guerre. Il dénomme Colossus l'appareil de deux mètres de haut et quatre de large, pesant plus d'une tonne, qu'il va concevoir pièce par pièce.

– J'ai choisi un nom masculin et guerrier pour vaincre un nom féminin et furtif, expose-t-il au commandement de Bletchley Park. Un colosse pour découvrir l'énigme.

– C'est parfait pour les symboles, réplique le commandant. Il faudrait surtout que cela soit efficace…

Alan ne relève pas le scepticisme chronique de l'officier. Depuis qu'il est à Bletchley Park, il a senti grandir la défiance générale que son travail suscite. Dans une hutte voisine de la sienne, des équipes entières de téléscripteurs s'affairent à lui transmettre les messages interceptés, avec l'espoir, chaque jour déçu, d'en comprendre enfin le sens.

– Je partage votre impatience, avoue-t-il à celui qui dirige le personnel chargé de la retranscription et se plaint d'efforts inutiles. C'est comme pédaler avec un vélo sans chaîne : on fait du surplace ! Je vous promets que l'on pourra bientôt passer les vitesses. Je m'y emploie…

La construction de Colossus, conduite avec l'aide d'une vingtaine de collaborateurs, occupe toute l'équipe, jour et nuit, pendant plusieurs mois. Chaque étape d'avancement oblige à d'incroyables prouesses. Les pièces ne sont pas toutes livrées à temps, leurs calibres sont parfois mal ajustés. Il faut poncer, couper, tirer, affûter, inventer sur place des bricolages de fortune. Au cœur de ce chantier, une épingle ou de la simple corde permettent parfois de faire des miracles. On peint les fils en rouge ou en blanc, pour ne pas se perdre dans l'inextricable réseau électrique qui relie telle ampoule à telle prise. Lorsqu'un défaut est détecté, il arrive que l'on doive démonter l'assemblage de plusieurs jours. Les plans se succèdent et se modifient au fur et à mesure. L'enthousiasme de la hutte numéro huit surmonte les moments de doute. Jamais la résignation ne répondra à une erreur. À l'issue du chantier, l'engin ressemble à une rotative d'imprimerie : un ensemble métallique où se superposent des poulies et des barres, des plaques et des rotules, des batteries de fils et de lampes, quatre-vingt-dix rotors, mille cinq cents ampoules, quinze kilomètres de câbles allongés comme des serpents, des brosses et des centaines d'interrupteurs.

Colossus est un monstre rutilant et bariolé.

Le jour de sa mise en marche, on débouche symboliquement trois bouteilles de champagne, qu'Alan a spécialement apportées. Ils sont une bonne trentaine, serrés autour du si encombrant Colossus. Le commandant de Betchley Park est là, raide, imperturbablement sceptique, alors que l'équipe tout entière se congratule et qu'Alan s'apprête à enfin appuyer sur le bouton central de mise en route effective. La joie se lit sur chaque visage. On dirait une famille rassemblée autour du sapin de Noël. Les rires et les histoires drôles fusent. L'enthousiasme s'est invité dans le baraquement. Trois, deux, un… Le compte à rebours s'achève.

Le bruit et les lumières qu'émet Colossus sont conformes aux attentes. Sourires, battements de cœur, fierté…

Mais rien de concret ne sort de la machine.

L'euphorie laisse place à l'incompréhension. Les expressions se ferment.

– Évidemment ! maugrée le commandant, sans poursuivre ses sombres pensées à haute voix.

– Ne vous inquiétez pas, le rassure aussitôt Alan. Laissez simplement à la machine le temps de se roder ! Une machine, ça doit apprendre, comme un enfant…

Cette dernière phrase plonge une partie de l'équipe dans la perplexité.

– N'importe quoi ! s'exclame le commandant.

– Vous êtes devenu complètement fou, explose un ingénieur en direction d'Alan, en promettant d'envoyer un rapport sur « la démence caractérisée d'un illuminé qui nous fait perdre du temps et nous fera perdre la guerre ».

On ne rit plus. La fête est finie. Chacun s'en va, laissant Alan tout seul devant Colossus.

– Je ne les compte même pas sur les doigts d'une main, ceux qui demeurent solidaires du travail que nous avons accompli, lance-t-il un peu plus tard à Cindy, une jeune stagiaire venue le réconforter.

Elle voudrait lui dire qu'elle l'admire depuis qu'elle est dans le service, qu'elle aime sa compagnie. Cindy rêve d'une aventure sentimentale avec son héros. Elle pose doucement sa main droite sur son épaule, s'approche de lui pour l'embrasser.

– C'est gentil d'être revenue. On va se remettre au travail, si vous voulez bien, lance Alan.

Et sur ces mots, il se plante devant l'appareil qui perd de l'huile, comme un général passerait une troupe en revue.

– Quand il tombe en panne, au moins, ça refroidit la température de la pièce ! s'exclame-t-il en éclatant de rire.

– Je ne trouve pas cela très drôle, répond Cindy. Car lorsqu'on la relance, la machine se défend en envoyant des électrocutions !

– Vous en avez peur ?

– Non, mais je les entends tous, autour de vous, répéter que vous êtes un simple mécano, tout juste capable d'un gigantesque bricolage, d'une lubie transformée en bloc de tôle posé sur le ciment...

– Voyez-vous, Cindy, tout cela ne me met même plus en colère. La puissance de Colossus est sept fois supérieure à celle d'Enigma. On a beau rire alentour, je sais que notre lecteur de bandes peut lire cinq mille caractères à la seconde : un record jusque-là jamais atteint.

Pourtant, la machine reste muette.

Les Allemands ont-ils encore perfectionné Enigma ? Ont-ils multiplié ses rotors ? Ont-ils modifié leurs codes ? Toute l'intelligence scientifique rassemblée à Bletchley Park est-elle orientée sur une mauvaise piste ? Alan n'est-il pas trop « théoricien » pour mener à bien une mission qui doit déboucher sur une réponse concrète, pratique, urgente, vitale ? La hutte numéro huit n'est-elle pas trop décontractée, trop patiente, irréaliste ?

À voir les ingénieurs de l'équipe de Turing jouer en civil au base-ball parfois plusieurs heures d'affilée sur le terrain qui jouxte leur bâtiment, le commandement s'interroge.

– Se croient-ils autorisés à une récréation ? Ils n'ont même pas la décence de se cacher ! fulmine-t-il en les observant depuis la fenêtre de son bureau.

Le comportement d'Alan l'agace au plus haut point. On le juge désinvolte et instable. Un lieutenant a déjà reproché à Alan, au cours d'une discussion au mess des officiers, de s'être enrôlé dans la section d'infanterie affectée à la défense du territoire pour devenir tireur d'élite et de ne pas avoir participé aux séances de formation avec l'assiduité requise.

– Vous croyez que l'on vous forme juste pour le plaisir ? lui a-t-il demandé avant d'ajouter : Votre présence aux entraînements est obligatoire !

Alan ne s'est pas démonté :

– Vous vérifierez le questionnaire que j'ai rempli en m'enrôlant. J'ai coché la case « non » à la question demandant si j'acceptais de me soumettre à la loi militaire. Je ne suis donc pas soldat. Je ne suis pas à vos ordres. Vos observations ne me concernent pas.

Le lieutenant, vexé, s'est plaint.

– C'est un antimilitariste !

– Turing peut encore être utile… On ne sait jamais ! a tempéré le commandant.

Loin d'imaginer ces mesquineries, Alan s'obstine :

– Seule ma machine permettra de percer le secret du code ennemi, répète-t-il. D'ailleurs, quelle autre solution proposent tous ceux qui se moquent et s'impatientent ?

Il remet à son équipe un livret d'instruction détaillant les fondements théoriques de l'attaque qu'il prépare contre Enigma. Il vient de rédiger plusieurs centaines de pages, un peu désordonnées certes, mais qui ouvrent une voie nouvelle jusque-là inexplorée. Il suggère que l'on se mobilise exclusivement sur l'analyse de bouts de textes allemands. Il donne un exemple. Il est persuadé que la formule « *Keine Zusätze zum Vorbericht* » (aucune adjonction au rapport préliminaire) correspond au texte codé suivant : DAEDAQOZIQMMKBILGMFWHAIV.

Il a vérifié qu'à plusieurs occasions, ces lettres assemblées concluaient les messages nazis. Il a tenté d'autres traductions de cette séquence et affirme que seule celle-ci s'impose.

L'idée consiste à insérer le message ainsi crypté dans Colossus pour trouver sa correspondance dans un texte compréhensible.

– Il faut admettre une fois pour toutes que les Allemands manquent d'imagination. Ils sont organisés, méthodiques et répétitifs. Ce sont des bureaucrates. Ils utilisent des formules toutes faites. L'administration déteste la poésie et pratique l'écriture automatique, les phrases techniques qui tuent l'émotion. L'administration est sèche, précise et neutre. Ce sont là des clés d'entrée simples, des vérités incontournables. À nous d'en profiter !

L'équipe se replonge dans les calculs avec ce qu'il lui reste d'espoir et de curiosité.

Dans sa chambre Alan trouve difficilement le sommeil. « Si tous ces efforts n'aboutissent à aucun résultat, j'aurai perdu bien davantage qu'un pari. Je passerai pour un incapable, un dépensier et un farfelu », écrit-il dans son cahier. Il ne peut supporter l'idée d'un échec, comme d'habitude.

Il sait que Winston Churchill a personnellement donné des ordres pour soutenir financièrement le projet Colossus. L'honneur d'Alan est en jeu, y compris auprès du Premier ministre britannique qu'il a sollicité tant de fois par des suppliques enflammées. La hiérarchie lui a suffisamment reproché ses interventions directes…

La perspective de tous les sourires que déclencherait son échec parmi les communautés scientifiques et militaires le glace d'effroi. « Jamais, songe-t-il, je n'ai été aussi proche du but. Comme dans une course à pied, les derniers mètres sont les plus durs. Le vainqueur est celui qui ne lâche rien. Je vais leur montrer qui je suis. »

Il se saoule au thé, passant ses nuits à retravailler ses hypothèses, à réfléchir « comme un Allemand ».

Le 27 mai 1941, les Britanniques coulent le cuirassé *Bismarck*, fleuron de la marine du Troisième Reich, désormais sous les eaux avec ses deux mille deux cents hommes. Hélas pour Alan, ce succès ne doit rien au décryptage, et tout à la bravoure de la Marine royale…

La loi des séries est favorable au camp anglais. L'équipe d'Alan vient d'isoler plusieurs termes répétés dans les messages cryptés allemands : « Heil Hitler », « Führer ».

– Ça y est ! Nous tenons le bon bout de la pelote ! s'exclame Alan. Avec leurs formules protocolaires et leur déférence, ces imbéciles nous font enfin gagner du temps, jubile-t-il.

– Nous étions devant un mur, nous l'avons transformé en porte, et voilà la clé, renchérit l'un de ses collaborateurs, aussi euphorique que lui.

Les spécialistes de la hutte numéro huit décryptent au fil des messages les mots « Stuka », « Panzer », puis des lieux identifiables : « cap Gris-Nez », « Start Point », « île d'Aurigny », « île de Sercq »… Le puzzle se remplit à toute allure. Chaque membre de l'équipe apporte, à mesure qu'il les traduit, les nouveaux mots découverts.

– C'est la même émotion, je pense, que lorsqu'un archéologue découvre enfin son trésor. Après avoir longtemps creusé, il a l'impression que ce sont les pierres elles-mêmes qui sortent du sol ! s'amuse un technicien.

– Moi, cela me fait plutôt penser à la sensation qu'on éprouve lorsqu'on vient de casser un œuf dur, renchérit un autre, on attrape la membrane qui adhère à la coquille fendillée, et d'un coup toute la coque se retire !

– Nous savons traduire Enigma, résume sobrement Alan.

L'équipe exulte. Non seulement les textes ont un sens, mais en plus, ils s'appliquent à la réalité. Les convois évoqués dans les messages ennemis existent bel et bien. Les unités mentionnées sont effectivement localisées par des patrouilles de repérage. Dans les jours qui suivent, de nouveaux progrès confirment la justesse de l'hypothèse émise par Alan, et la traduction décryptée des messages devient presque automatique.

Dans un état fiévreux, marchant à grands pas vers le quartier général, Alan tient dans ses mains le trésor qu'il convoitait depuis si longtemps.

– Voilà vraiment un excellent travail, le félicite le commandant qui informe aussitôt Winston Churchill des progrès des équipes de la hutte numéro huit.

Il rappelle surtout à Alan l'indispensable secret que doit conserver sa mission.

– Plus que jamais, votre rôle devient stratégique, Turing, poursuit-il. Je vous interdis désormais de quitter Bletchley Park et, naturellement, de communiquer avec l'extérieur. Vous le savez, tout manquement à ces règles serait passible de la peine capitale.

– Je vous remercie de votre reconnaissance et du rappel du règlement, mon commandant, réplique Alan avec un sourire. En somme, vous me récompensez en m'emprisonnant !

Les deux hommes éclatent de rire. C'est bien la première fois qu'Alan et un officier britannique se congratulent…

– On va vous donner des moyens supplémentaires, conclut l'officier, qui raccompagne Alan jusqu'au perron du quartier général.

– Le commandant nous félicite, rapporte-t-il à son équipe à l'issue de l'entretien. Je crois que nos rations alimentaires vont être améliorées… Non pas pour nous récompenser, mais pour nous soutenir dans le travail à venir. Bravo à tous. Maintenant, il faut gagner la guerre, faire cesser les bombardements sur Londres, offrir toute la sécurité qu'ils méritent à nos marins.

Bien sûr, la déception est encore au rendez-vous des occupants de la hutte, car il arrive que leurs efforts aboutissent au déchiffrage de messages sans intérêt. Les élucubrations nazies sur le temps qu'il fait et les confidences d'officiers qui espèrent des vacances ou se racontent des histoires drôles parasitent le travail de renseignement et font perdre du temps.

– Certains hauts gradés de la Wehrmacht mériteraient qu'on informe Hitler de leurs véritables préoccupations, s'insurge Alan.

Le temps de traduction demeure très long et l'information stratégique parvient encore trop tard aux autorités supérieures britanniques. Toutefois, maintenant que la procédure fonctionne, maintenant que le travail consiste à accélérer la cadence des traductions, la crédibilité d'Alan se renforce. Des instructions allemandes d'une haute confidentialité sont progressivement décodées en dix-huit, puis douze, puis huit heures seulement. Bientôt, le résultat est presque simultané. Avec ces progrès, les intentions ennemies sont désormais connues des Britanniques avant même leur mise à exécution.

Les Alliés parviennent ainsi à dérouter des navires pour leur éviter un torpillage programmé, à modifier les itinéraires de convois promis à l'attaque meurtrière, à contourner la menace nazie là où elle est évidente.

Alan n'est plus considéré comme un professeur Nimbus. Le commandement évoque au contraire un scientifique de haut rang, un collaborateur doué et impliqué, un citoyen méritant et patriote. On oublie les doutes et les suspicions d'hier. On avoue, sans excès toutefois, une forme d'admiration et de reconnaissance.

– Toutes les informations que nous vous délivrons ne sont pas traitées avec la même efficacité, s'insurge Alan devant le commandant, en apprenant qu'un navire dont il avait prédit l'attaque par les Allemands n'a pas été dérouté comme les autres.

– Chacun son travail, Turing, réplique l'officier. À vous de nous transmettre les messages. À nous de décider comment les interpréter sur le terrain.

– Sans doute, mon commandant. Mais j'ai du mal à admettre que vous puissiez abandonner à leur sort des équipages dont nous savons pertinemment qu'ils seront attaqués. Plus de deux cents hommes ont péri par votre seule décision la semaine dernière. Je trouve cela scandaleux.

– Du calme, Turing. Laissez-nous faire la guerre. C'est un métier compliqué, vous savez… Si nous utilisions systématiquement vos informations, les Allemands se douteraient aussitôt que nous déchiffrons facilement Enigma. Ce serait une catastrophe. Ils changeraient leurs codes et tout serait à recommencer. La guerre contre les hommes se livre de la même manière que le combat contre les microbes. Le vaccin, c'est un peu de mort administrée pour conserver la vie. Eh bien, si nous voulons sauver le maximum de gens, il faut accepter un minimum de pertes…

Dans son cahier vert, Alan note sobrement son sentiment : « La hiérarchie trie les messages que nous décryptons. Du coup, la moitié de mon travail est inutile, mais je ne sais jamais à l'avance laquelle est perdue ! L'âme d'un militaire est cynique, quand celle du mathématicien est utopiste. Nous ne pourrons jamais nous entendre. Quel malheur… »

Dans la seconde moitié de l'année 1941, le tonnage de navires britanniques coulés par les Allemands diminue considérablement. L'état-major britannique est satisfait. Il félicite l'équipe. La machine d'Alan fonctionne. Son idée était la bonne, elle sauve des vies. Colossus a vaincu Enigma. Il a envie de l'écrire à sa mère, de partager son succès et sa fierté. Mais sa mission est secrète et, comme toujours, il respecte à la lettre les engagements qu'il a pris. Il se tait.

13

DÉCIDÉMENT, LES VISITES NE CESSENT PAS. J'ai presque l'impression d'être une femme importante… Je sais que c'est mon fils qui m'envoie toutes ces confidences, toute cette affection, tous ces visages qu'il avait rassemblés autour de lui. Chaque fois que je rencontre l'une de ses connaissances, j'ai le sentiment qu'il est avec moi.

Aujourd'hui, Mme Morcom a frappé à la porte. Elle m'avait annoncé sa visite par une petite carte émouvante et chaleureuse : « Chère madame, nous avons toutes les deux perdu l'un de nos enfants. Je ne crois pas d'ailleurs que cette expression soit juste. Disons plutôt qu'ils se sont tous les deux séparés de nous. Ils ont commencé trop tôt leur absence au monde. J'aimerais vous dire ce que je sais d'Alan, ce dont je me souviens et ce que je ressens. M'accorderiez-vous une visite ? » J'avais aussitôt répondu positivement.

Je m'étais préparée à cette rencontre en mobilisant tous mes souvenirs. Je revoyais le doux visage du petit Christopher, qui venait souvent voir Alan. Ils avaient seize ans environ. Ils respiraient la joie de vivre, imaginaient l'avenir avec certitude, passaient des heures à discuter du monde, de leurs études, de leurs professeurs, de leurs passions. Ils étaient inséparables. Quand Christopher n'était pas chez nous, c'est qu'Alan était chez lui. Christopher était un enfant doué. Il avait les meilleures notes de leur classe en mathématiques et en littérature. J'étais rassurée de savoir Alan en sa compagnie. Je me disais qu'il avait à ses côtés un bon exemple à suivre.

– C'est bien simple, ils s'adoraient, m'a dit d'emblée Mme Morcom. Votre fils et Christopher étaient comme deux frères. Alan était vraiment chez lui lorsqu'il venait chez nous. Mon mari l'appréciait énormément. Il me disait : « Je suis sûr que cet enfant réussira plus tard. Il est vif, persévérant et sensible. Nous avons de la chance que Christopher ait des amis d'une telle qualité. »

– Alan était heureux dans votre famille, ai-je confirmé. Il me disait : « Chez eux, on se parle et on s'aime. » Vous lui posiez beaucoup de questions. Il en était surpris et fier. Les jeunes apprécient que les adultes s'intéressent à eux, les prennent au sérieux. Il éprouvait une admiration absolue pour Christopher. Quand votre fils a été admis à Trinity College, c'était comme si Alan lui-même y était entré. Tout ce qui réussissait à Christopher remplissait Alan de joie.

– C'est vrai, a repris Mme Morcom, et lorsqu'ils n'ont plus été dans le même établissement scolaire, ils ont maintenu des liens très étroits. Il aurait été impensable qu'ils ne se voient pas pendant une semaine. Pour dire les choses comme elles sont, ils formaient presque un couple !

Le mot de « couple » m'a fait sursauter. Mme Morcom connaissait-elle l'homosexualité de mon fils ? N'allait-elle pas s'engager dans une discussion qui me mettrait mal à l'aise ? Que devais-je lui dire ou lui taire ? La dernière lettre d'Alan, celle qu'il a laissée avant de quitter la vie, évoquait la mémoire de Christopher. Fallait-il en parler ? J'étais déconcertée. J'ai changé de sujet :

– La maladie et la mort de Christopher ont terriblement affecté Alan. Il n'a jamais accepté sa disparition. Tout cela a été si brutal, injuste. S'il a voulu un temps devenir médecin, je crois que c'était pour vaincre la tuberculose et pour venger la mémoire de Christopher.

– Savez-vous qu'Alan m'a souvent écrit après la mort de Christopher ? C'étaient des lettres vraiment sublimes de tendresse et d'affection… Par exemple, celle-ci, que je vous ai apportée, où il conclut par ces mots : « Je suis assuré que je retrouverai Christopher quelque part et qu'il y aura du travail pour nous deux. Maintenant que je reste seul à le faire, je dois y mettre autant d'énergie, sinon d'intérêt, que s'il était encore ici. »

– Décidément, j'apprends davantage sur mon fils depuis sa disparition qu'au cours des quarante-deux ans où je l'ai côtoyé, ai-je dit. L'autre jour, le professeur von Neumann…

– Quel homme exceptionnel, lui aussi ! m'a-t-elle coupé.

– Vous le connaissez ?

– Mon mari m'a souvent parlé de lui. Il affirme que von Neumann et Turing sont les deux grands noms des mathématiques modernes. « Où en serions-nous sans eux ? » répète-t-il souvent. Il paraît que le professeur von Neumann a fait faire des progrès considérables à la mécanique quantique. Je ne sais pas trop ce que cela veut dire, mais c'est très important pour l'avenir. Et puis, c'est lui qui a découvert qu'une bombe a un effet plus important si elle explose en altitude plutôt qu'au sol. La paix lui doit beaucoup. Quant à Alan, nous n'avons jamais cessé de suivre son parcours. Dans les beaux jours comme dans les mauvais.

– Il y a eu tellement de mauvais jours… ai-je glissé timidement.

– Je le sais. Et je m'en veux de n'avoir pas été plus présente dans les moments difficiles. Après la mort de Christopher, Alan m'avait adressé un petit essai, intitulé *La Nature de l'esprit*, où il affirmait que l'esprit est éternellement relié à la matière, mais pas forcément par l'intermédiaire du corps. Il affirmait que l'esprit ne peut pas être le contraire de la matière puisqu'il en dépend. « Tant que le corps est vivant et éveillé, le corps et l'esprit sont fermement liés. Quand le corps dort, je ne sais pas ce qui se passe, mais quand le corps meurt, l'esprit trouve un nouveau corps, tôt ou tard et peut-être immédiatement », assurait-il…

– J'ignorais qu'il pensait cela.

– Ces mots, ces phrases, madame, m'ont fait un bien fou. Je me suis dit que Christopher vivait ailleurs, en quelqu'un d'autre, et que la mort, c'était juste un esprit qui changeait de visage. Je pensais qu'Alan avait raison. Il était trop intelligent pour avoir tort. J'ai donc la certitude que Christopher et Alan vivent toujours. Peut-être même discutent-ils, là-haut, au moment où nous nous parlons. Ils s'amusent de nous voir toutes les deux, là, à évoquer leur mémoire.

Au fond, deux mères parlant de leurs enfants morts, c'est un peu comme deux prêtres discutant du Christ : la conversation n'est jamais finie, car l'amour ne meurt pas…

Tard dans la soirée, nous nous sommes embrassées et nous sommes convenues de nous revoir vite.

14

– **Mon commandant**, nous ne parvenons plus à déchiffrer Enigma. Depuis trois jours, nous ne comprenons rien aux messages interceptés !

– Allons, allons ! Votre équipe est peut-être un peu fatiguée… Il faut sans doute vous reposer, Turing.

– Je crains que la cause soit plus grave…

– Voulez-vous dire que les Allemands auraient modifié Enigma ?

– Enigma est muette, mon commandant. Pire : les Allemands émettent toujours, mais selon un nouveau code totalement incompréhensible. Il faut reprendre à zéro tous les modèles de décryptage.

–Vous voyez, Turing, le risque que nous évoquions voilà plusieurs mois a pris forme et vos belles théories humanistes se retournent contre nous. Mais peu importe ! J'ai la certitude que vous êtes un bien meilleur mathématicien que tous les Allemands réunis et je compte sur vous pour nous le démontrer !

Le doute s'insinue pourtant dans les allées de Bletchley Park. Les visages se ferment et les langues se délient. Comme toujours, lorsque l'échec survient surgissent les « je-sais-tout » que l'on aurait dû écouter depuis longtemps et les « je vous l'avais dit » que l'on n'a jamais entendus... Les plus ignares s'érigent en experts bavards, quand les plus compétents se barricadent derrière le doute. Bref, chacun développe son point de vue, livre des informations soi-disant sûres, engage le procès des responsables.

Pêle-mêle sont évoqués la nonchalance de Turing, des protections haut placées qui lui auraient témoigné une confiance excessive, ou encore un manque d'anticipation de l'intelligence ennemie.

– La guerre se gagne par surprise, alors que Turing l'a toujours menée avec ses certitudes, résume un sous-officier, qui espère le départ définitif du mathématicien.

Alan, comme d'habitude, reste indifférent aux rumeurs « qui sont toujours mauvaises, même lorsque les nouvelles sont bonnes », ainsi qu'il l'écrit dans son cahier.

– Presque trois années d'efforts sont anéanties, nous devons tout reprendre depuis le début, expose-t-il à ses collaborateurs. Mais qui d'entre nous renoncerait ?

Une exclamation générale et des applaudissements lui apportent une réponse sans ambiguïté. En vérité, personne n'a véritablement le choix...

Ce dernier mois de mai 1942, les pertes maritimes britanniques établissent un terrible record, avec plus de 800 000 tonnes de marchandises coulées. Ce chiffre catastrophique provoque une colère légendaire de Winston Churchill qui prévient le commandement de Bletchley Park :

– Si vous êtes incapables à l'arrière, je vous envoie tous au front !

Le message est répercuté jusqu'à Alan qui hausse les épaules :

– Je préfère me concentrer sur le problème posé plutôt que sur une menace absurde. Si le Premier ministre pense pouvoir faire mieux que nous, qu'il vienne donc ici dire comment ! Moi, je travaille. Je n'ai pas de temps à perdre ! répond-il avec une insolence qui laisse son interlocuteur muet.

Avec ses collaborateurs, il démonte Colossus, modifie certaines pièces de l'appareil, renforce des connexions pour accroître encore sa puissance.

– Enigma fonctionne désormais avec au moins quatre rotors au lieu de trois : sans aménagement particulier, nous devrons effectuer vingt-six opérations supplémentaires pour chaque décryptage. Une telle lenteur n'est pas acceptable, explique-t-il, et il ajoute : Le désespoir, cela n'existe que lorsqu'on a perdu. Tant que la bataille est possible, livrons-la de toutes nos forces !

Jamais il n'a autant voulu résoudre une équation. Il ne dort que quelques heures, ne distingue plus le jour de la nuit, renonce à tout exercice physique, se lève la tête lourde et le dos rigide. Obsédé par le temps qui passe et les bateaux qui coulent sous les armes ennemies, il s'installe à plein temps à côté de sa machine, tente des branchements improbables, établit des connexions inattendues, dessine de nouveaux schémas. Son sommeil est perturbé par d'affreux cauchemars. Il s'y bat contre des vipères, ou chute depuis une falaise, ou encore plonge dans des ronces pour éviter une balle perdue. Ses réveils en sursaut, hirsute, livide, le ramènent à la réalité d'une difficulté qu'il ne parvient pas à surmonter. Serait-il en train de perdre la bataille ? La fatigue et l'inquiétude troublent sa lucidité. Il sent qu'il se fourvoie dans un labyrinthe d'hypothèses et de formules incohérentes. Doit-il avouer une fois pour toutes son échec et renoncer ? Faut-il solliciter une entrevue avec le commandant pour être déchargé de cette mission devenue impossible ? Il ne sait auprès de qui s'épancher, croit discerner dans chaque regard croisé du mépris ou de la haine, constate avec stupeur combien il est seul. « Plus de trois années passées ici, et pas un seul vrai confident autour de moi, constate-t-il dans son cahier vert, je n'ai que le travail pour complice… » Et l'orgueil comme allié !

Il tente une ultime hypothèse et décide de s'attaquer aux bulletins météorologiques adressés par Berlin à toutes les unités combattantes. En comparant ces messages simples à décrypter avec ceux d'Enigma dans sa nouvelle version, il espère découvrir enfin une cohérence.

– Nous sommes confrontés à deux types d'erreurs possibles, explique-t-il. Soit un dysfonctionnement, c'est-à-dire une simple difficulté mécanique, et alors, nous saurons la surmonter. Soit une faute dans nos conclusions, qui aboutit à une mauvaise interprétation des messages que nous interceptons. Dans ce cas, nous devons nous remettre en cause. L'analyse des informations météorologiques nous révélera la nature de nos problèmes.

L'état-major a-t-il conscience des incertitudes qui assaillent Alan ? Les jours passent sans apporter la moindre solution, le Premier ministre fulmine toujours, les convois militaires disparaissent encore en mer et le camp tout entier s'exaspère.

– Cela ne peut plus durer. Nous devons tenter une offensive, expose le colonel d'aviation Ian Fleming, qui veut engager « l'opération sans pitié ». Elle consiste à utiliser un bombardier allemand récupéré voici quelques mois et à le faire s'écraser volontairement dans la Manche à proximité d'un U-Boot qui fera alors surface pour venir en aide à ceux qu'il croira être des compagnons d'armes. Les Britanniques pourront alors pénétrer le sous-marin et récupérer un modèle de machine Enigma. L'opération est d'abord reportée pour cause de mauvais temps, puis abandonnée :

– Un scénario de film n'est pas un acte de guerre, tranche Winston Churchill.

À Bletchley Park, la nouvelle version de Colossus prend forme peu à peu. L'interprétation des bulletins météorologiques apporte des éléments utiles à l'amélioration de la machine. Son programme est modifié et ses capacités, démultipliées. Une petite trouée d'espoir perce au cœur d'un brouillard de renoncement.

– Cela ne garantit rien, prévient Alex Thomson, qui contribue aux modifications aux côtés d'Alan. Vous pouvez construire la plus grande cathédrale du monde sans être sûr de la présence de Dieu ! ajoute-t-il.

– Voyons ! le reprend Alan, tu mélanges vraiment tout ! Je n'ai demandé à personne d'avoir la foi, mais à chacun de respecter une méthode. Seule la logique peut nous sauver ! Dieu n'a rien à faire avec tout cela…

Alan n'a pas abdiqué.

Plongé dans son travail comme pour oublier les débris d'une vie personnelle inexistante, il ne lâche aucune piste, n'abandonne aucune hypothèse, relie entre elles des équations inattendues, additionne, divise, soustrait, multiplie autant qu'il faut. Il tombe ? Il se relève. Il échoue ? Il recommence. Il perçoit une lueur ? Il fonce à la recherche de la lumière. Il est tour à tour boxeur face à un mur et judoka face à un interstice. À l'abattement général, il répond par l'enthousiasme, et au scepticisme par la foi en son étoile. Il doit poursuivre son chemin sans regarder qui il heurte.

C'est aux autres de se garer. Et il a raison : l'intuition, une fois encore, accompagne ses efforts. Il devine que les messages débutant par des mots courts et un W sont en réalité des questions. En allemand, en effet, les interrogations débutent par la lettre W (*wo*, *wer*, *warum*…). De même, il observe que tous les textes sont de même taille, et qu'en conséquence, les messages courts sont complétés à la fin par des XXXXXX.

Enfin, la chance complète ses déductions. Un canonnier britannique repêche un sac de toile détrempé dans la mer. Il contient les codes récents de réglage d'Enigma ainsi que le journal de bord d'un opérateur radio allemand et un appareil. Ce sont des trésors, aussitôt rapportés à Bletchley Park. Alan sourit. Il se souvient du conseil que lui a prodigué avant la guerre le professeur von Neumann : « Ne travaillez pas tout seul, vous gagnerez du temps à vous servir des connaissances des autres… » Mon Dieu ! Comme il avait raison !

Quelques semaines plus tard, des pêcheurs mettent la main sur deux rotors intacts d'Enigma. Ces prises de guerre, ces quelques feuilles mouillées, ces deux bouts de métal et de verre sans intérêt apparent fournissent à la hutte numéro huit les pièces manquantes du puzzle qu'elle n'en finissait pas de compléter.

– C'est quoi, en réalité, un espion ? lui avait demandé Joan Clark, une jeune femme qui lui plaisait et à qui Alan tentait d'expliquer son travail un soir d'automne.

Il aurait sans doute préféré d'autres sujets de conversation. Mais Alan a toujours été docile dans les confidences galantes.

– C'est un type que l'on croit tout seul, quelque part au bout du monde, installé au milieu de ses ennemis. Alors qu'en vérité, il est très entouré et peut très bien être juste devant toi, avait-il répondu, énigmatique.

– Mais en principe, il a des armes…

– Absolument, avait acquiescé Alan, son intuition et ses renseignements…

Joan avait aimé cette réponse sobre. Elle avait compris que l'homme qui la courtisait depuis quelque temps dans les allées de Bletchley Park, qui lui parlait des papillons et des fleurs, qui promenaient sa bicyclette avec la nonchalance d'un poète, était d'abord un scientifique tendu vers une mission inavouable.

Joan est belle, grande, fine, racée. Ses longs cheveux bruns, ses yeux verts, ses jupes étroites sur des corsages enveloppant une poitrine galbée ne passent pas inaperçus au milieu de tous ces hommes en guerre. Son attirance pour Alan en énerve plus d'un. On ne comprend pas qu'un personnage hirsute et habillé n'importe comment, au caractère cassant et au comportement insaisissable, puisse séduire une femme d'apparence si équilibrée et objectivement si belle. Leur liaison est presque officielle. Ils ne se cachent pas.

La découverte de la machine Enigma rapportée jusqu'à sa hutte replonge Alan dans son travail. Joan, consciente des enjeux, respecte cet éloignement provisoire.

Il suffit alors de quelques semaines à celui que l'on surnomme méchamment « M. Clark » pour briser les nouveaux codes ennemis.

« Quand on est en possession du mode d'emploi, il suffit de suivre les instructions », s'amuse Alan qui tait les déductions, les vérifications, les calculs, les hypothèses, les ruses cachées de cet appareil qu'il vient d'ausculter, émerveillé. Les Polonais, pionniers de l'espionnage intelligent, lui en avaient parlé. Il disposait de leurs schémas et de leurs plans. Mais il n'avait jamais manipulé ni démonté Enigma.

Tel un médecin légiste, il décortique, soulève, décolle, détend, découpe chacune des parties de cet objet enfin inerte, enfin mort, là, devant lui. Depuis plus de mille jours, il se débattait à distance avec l'intelligence de ce métal, le mystère de ces fils et le secret de ces ampoules. Maintenant, il les domine, les inspecte et les comprend. Tout devient simple, évident, logique, naturel, après ces temps hantés par le doute, l'incompréhension et le découragement.

Dans une hutte voisine, on compare la facilité retrouvée de ce déchiffrage aux derniers pas d'un alpiniste parvenu au sommet de son ascension :

– On oublie les crevasses, les surplombs, les blocs de glace qui s'abattent sur vous, les cheminées étroites à l'issue incertaine. On marche, léger, sur un dôme juste balayé de vent, vers les quelques cailloux de l'ultime promontoire. C'est tout simple.

Colossus est de nouveau opérationnel. Enigma est vaincu.

– Nous sommes plus forts que les Allemands et les Américains réunis ! Cette fois-ci, j'espère que Churchill va nous adresser des félicitations, s'emporte Alan qui salue cette victoire par des phrases incohérentes dont il détient le secret.

L'euphorie produit sur lui un effet étrange et désastreux. Avec sa voix aiguë, il se lance dans des déclamations qu'il voudrait poétiques. Des phrases ésotériques fusent, un galimatias de pulsions amoureuses et d'incantations mystiques se succèdent en rafales. Ses interlocuteurs, éberlués par les intonations infantiles et les formules fumeuses, laissent passer l'orage verbal. Ses allusions sexuelles côtoyant des imprécations militaires ou religieuses produisent un malaise général qui lui échappe.

« Il décompresse », justifient ses plus proches. « Il a définitivement perdu la tête », déplorent ceux qui ne le connaissent pas bien. La plupart feignent de ne rien entendre en s'esquivant comme ils peuvent.

La nouvelle du succès de la hutte huit se propage à une allure folle dans tous les recoins du camp. Pour la première fois peut-être depuis le début de cette guerre qui n'en finit pas, une explosion de joie parcourt les allées, les bâtiments et les hangars. Par petits groupes, militaires et civils convergent en direction de la modeste cabane en bois qui abrite Colossus et son concepteur.

– Turing a réussi ! On va gagner ! répètent tous ceux qui n'y croyaient plus.

Et cette stupéfaction heureuse, cette certitude nouvelle, se transforme progressivement en un large mouvement d'où jaillissent des hourras et des cris de joie.

En sortant de la hutte, Alan est littéralement assailli par cette clameur générale. Porté en triomphe, il prend enfin la parole :

– C'est moi que vous applaudissez, mais ce sont les efforts de nos marins qui ont fait l'essentiel.

– Ne sois pas modeste, Turing, lui lance un civil planté au cœur de ce rassemblement joyeux. Tu sais bien que si tu avais échoué, nous serions venus de la même façon pour te conspuer ! On te dit bravo et merci, parce que tu as été plus fort que nos doutes.

– Oui, on est fiers de toi !

– Oui ! Oui !

– Bravo ! Vive l'Angleterre !

Toute l'émotion de ce rassemblement fuse comme le finale d'un feu d'artifice.

Il faudrait la souplesse d'un cou de girafe pour suivre les hurlements, pour répondre aux mains qui applaudissent, pour saluer les sourires heureux et légers qu'on lui adresse.

– Seule la victoire est belle, lui glisse Joan dans l'oreille.

Elle se tient à ses côtés, comme pour collecter un peu de la gloire de son homme. N'était-elle pas aussi près de lui lorsque, voici seulement quelques jours, on raillait ce couple improbable ?

Alan est ému. Il en pleurerait.

Ses mots et sa voix sont trop faibles pour dire son émotion. Il lève ses deux bras vers le ciel, sourit, lance des clins d'œil alentour et achève cet exercice spontané en applaudissant vers la foule qui lui fait face.

– Merci, merci, parvient-il à lancer d'une voix timide.

Comprend-il que cet instant de reconnaissance est rare ? Mesure-t-il déjà que la loi des hommes remercie d'ingratitude ceux qui leur ont le plus apporté ? Sait-il que la renommée ouvre grand les portes de la solitude ?

En tout cas, les félicitations du commandant de Bletchley Park, le télégramme admiratif du professeur von Neumann (« Vous êtes la fierté de ceux qui ont toujours cru en vous, continuez »), ou encore la satisfaction du Premier ministre qu'on lui transmet, le laissent circonspect :

– Quand ils me serrent la main, je ne sais plus s'ils me prennent le pouls ou s'ils me remercient, s'ils me disent « bravo » ou s'ils me disent « au revoir », s'amuse-t-il en discutant le lendemain avec Joan avant de conclure, tristement : Je crois que l'hypocrisie est toujours nichée dans la joie des autres…

Ce qui est sûr, c'est qu'il vient de contribuer de façon exceptionnelle à limiter les pertes humaines alliées. Il a fait gagner du temps à la guerre. Si les Allemands ne changent pas à nouveau le code d'Enigma, ce sont des centaines de navires qui seront épargnés de leurs bombes, de leurs torpilles et de leurs attaques aériennes, des milliers de vies qui seront sauvées.

Sa mission s'achève : nous sommes à l'hiver 1942.

– Je suis à la recherche d'une nouvelle affectation, avoue-t-il un soir où le commandant lui demande comment il peut l'aider.

– Vous n'êtes pas heureux, ici, Turing?

– Franchement, le mot bonheur s'applique assez mal à cet espace barbelé! Mais surtout, si je sais construire une machine, je ne veux néanmoins pas en devenir une!

La vie quotidienne à Bletchley Park lui pèse. Voilà trop longtemps qu'il sillonne les mêmes allées, croise les mêmes visages, livre le même combat. Un temps de vie qu'il aurait voulu consacrer entièrement à la recherche fondamentale et à des travaux mathématiques plus abstraits, si cette guerre ne l'avait pas mobilisé.

– J'ai accepté un gros détour de vie! Je voudrais explorer d'autres univers, me lancer dans de nouveaux défis. Que puis-je faire de plus pour mon pays?

Tel le chirurgien qui ôte ses gants à la fin d'une opération réussie et confie le malade aux infirmières de son service, Alan veut passer à l'exploit suivant. Il n'envisage pas de poursuivre indéfiniment un simple travail de traducteur de messages allemands. La tâche est trop répétitive, ne suppose aucune imagination et ne promet aucune surprise. « On ne demanderait pas à un grand alpiniste d'escalader un simple petit col, ni à un grand marin de naviguer dans un lac », écrit-il sur son cahier vert…

Colossus poursuit donc son travail sans que son principal concepteur y participe activement. La machine a déjà traduit plus de deux millions de messages ennemis depuis sa construction. Elle continue de déchiffrer chaque jour son lot d'ordres de guerre et de missions meurtrières. Alan ne s'en soucie plus comme auparavant. Il n'abandonne pas Colossus : il s'en éloigne. Le héros n'est pas fatigué : il est ailleurs.

– Les ingénieurs de General Motors ne dorment pas le soir dans leurs usines et leurs voitures roulent quand même ! se justifie-t-il.

Avec Donald Michie, son nouvel assistant, il échafaude un projet fou : celui d'inventer l'intelligence artificielle. Ils en chuchotent, en parlent, en rêvent. Ils savent qu'en ces temps difficiles, dans ce lieu consacré à la lutte contre l'ennemi, le projet ne trouvera aucun écho favorable.

– Ne nous interdisons pas de respirer l'air du futur, suggère pourtant Alan à son confident.

À force de temps libre, il se découvre esprit libre. À lui les idées nouvelles ! Le futur est dans son sang et dans sa tête.

– Penses-tu vraiment envisageable de construire un cerveau ? le questionne, malgré tout dubitatif, Donald Michie.

– Oui. Mais un tel projet va se heurter à ceux qui croient que l'intelligence nous est donnée par Dieu et à ceux qui pensent qu'elle est naturelle. Donc cela nous opposera d'emblée à beaucoup plus d'ennemis que tous les Allemands qui envoient des bombes sur Londres…

Entre une partie d'échecs, la course à pied et des après-midi de sieste qui irritent un entourage toujours contraint aux horaires militaires, Alan se lance progressivement dans un nouveau combat.

Il sifflote dans les allées de Bletchley Park, à la façon des oiseaux qui retrouvent le printemps : indifférent aux alertes et à tous les mouvements qui l'entourent, il s'installe dans son monde, conçoit sa future découverte, ausculte les voies d'accès, imagine les étapes à franchir.

Le héros de ces derniers mois trace les contours du nouveau défi qu'il va affronter, sans même prendre conscience des obstacles que la situation de guerre place sur son parcours.

– Je suis capable de construire une machine qui déchiffrera la voix et la parole, affirme-t-il lors d'une conversation avec le commandant.

– Je n'en doute pas, réplique ce dernier, avant d'ajouter qu'un tel projet ne rentre pas dans les préoccupations immédiates de l'état-major. Pour le moment, nous faisons la guerre, Turing. Nous sommes mobilisés autour d'armes plus efficaces, de matériels plus robustes, d'avions plus rapides, d'armes plus précises. L'armée n'a pas le temps de développer d'autres recherches…

– Dans ce cas, donnez-moi la permission d'aller en Amérique…

Peut-on refuser une fantaisie à M. Turing ? La Nation n'a pas le droit de lui être ingrate à bout portant.

Après avoir définitivement quitté Joan, qui n'était pas faite pour lui car aucune femme, jamais, ne parviendra à le séduire durablement, il rejoint en janvier 1943 les laboratoires de télécommunication Bell, à Holmdel dans le New Jersey, où le savant Claude Shannon travaille justement au codage de la parole. Les deux hommes s'estiment d'emblée. Shannon ajoute à ses compétences d'électricien et de mathématicien une passion consommée pour la construction de machines farfelues. Grand jongleur, pratiquant le monocycle, il surprend Alan avec sa souris mécanique sachant trouver seule son chemin dans un labyrinthe… Si un concours d'originalité avait été organisé dans la communauté scientifique, il aurait été bien difficile de départager les deux hommes. L'attelage qu'ils forment amuse les ingénieurs : Alan, avec son mètre quatre-vingts et sa voix haut perchée, semble dominer Shannon, beaucoup plus petit que lui mais doté d'une voix de ténor d'opéra.

– Ils manquent d'harmonie, leur machine va sonner faux, prédisent les mauvaises langues.

« Il ne suffit hélas pas d'avoir traversé l'Atlantique pour que la nature humaine se bonifie », se désespère Alan dans son cahier vert. Tous ces sarcasmes le désolent : « Je crois définitivement que le statut de chercheur dérange et inquiète. Partout où j'apparais, on me fuit, on me craint ou on me moque. Je ne suis pourtant ni un monstre, ni un fantôme, ni un clown ! »

Il apporte la preuve de son talent quelques mois plus tard, en créant un prototype de machine à voix artificielle. C'est un exploit.

– Appelons notre système « Dalila », suggère Alan.

– Pourquoi donner le nom d'une femme à notre invention ? l'interroge Shannon.

– Parce que dans la Bible, Dalila a trahi Samson. Or notre machine trompe les hommes, puisqu'elle les imite…

Colossus, Dalila : à trente-trois ans, Alan est déjà le père de deux inventions, l'auteur de plusieurs thèses et le héros trop discret d'une bataille qui prend fin. Sa mère peut être fière de lui. Il a le droit à un peu de bonheur.

Un matin de mai 1945, en effet, dans les allées de Bletchley Park qu'Alan a quittées depuis près de deux années, Colossus livre son dernier message crypté. Il émane de Norvège. Il est signé de l'amiral Dönitz. Aucune erreur de traduction n'est possible. On apporte le texte sur le bureau du commandant en chef de Bletchley Park. Il le relit deux fois, avant d'exploser de joie. Les Allemands s'y adressent un message sans fioritures : « Le Führer est mort. Le combat continue. »

En vérité, la guerre est finie.

15

J'AVAIS ACCEPTÉ LA VISITE DE JOAN après avoir reçu d'elle une lettre très émouvante dans laquelle elle m'assurait « vouloir dire ce qu'elle savait et ce qu'elle aimait d'Alan ».

Dois-je l'avouer ? Ce défilé de témoins commençait à m'indisposer. J'avais l'impression d'être devenue une sorte d'inspecteur ou de confesseur. Je craignais d'offrir une oreille de bonne conscience à celles et ceux qui avaient abandonné Alan dans sa recherche ou dans sa fuite, à de fausses amitiés, qui se parent toujours de grands regrets lorsqu'il est trop tard.

J'avais tort, à l'évidence. Car Joan était une femme sincère et une belle âme.

– J'ai failli l'épouser, vous savez, me dit-elle d'une voix douce et calme. Nous nous sommes rencontrés à Bletchley Park. Alan m'avait impressionnée dès le premier regard. Il semblait à la fois dans la lune et dans les ténèbres. Lorsque j'ai appris sa disparition, j'ai aussitôt ressenti le besoin de venir vous voir.

Joan était une jolie et grande femme brune. Elle portait un élégant tailleur gris clair.

– Vous êtes tellement gentille d'avoir fait une si longue route pour rencontrer une vieille femme comme moi et évoquer de vieux souvenirs, lui ai-je dit. Vous êtes mariée, maintenant, et vous avez sans doute d'autres préoccupations...

– Oui, j'ai des enfants et je m'occupe de ma famille. Mais Alan était un homme si exceptionnel et si mystérieux, nous avons partagé des moments si particuliers... C'était la guerre. Il dominait par ses travaux tous les esprits de Bletchley Park. Les gens se moquaient de lui, de son apparence toujours négligée, de sa façon d'avancer dans la vie sans vraiment prêter attention aux discussions des autres. Pourtant, malgré leurs sarcasmes, ils le respectaient énormément. On le surnommait généralement « le prof ». Et les militaires, qui doutaient du sérieux d'Alan, lui ont finalement dressé une haie d'honneur lorsque la guerre s'est achevée. C'est peut-être le seul pacifiste de l'histoire d'Angleterre qui ait concrètement abrégé la durée d'un conflit. Moi, je n'ai jamais oublié tout cela.

– C'est lui qui vous avait demandée en mariage ?

– Oui. Et nous nous sommes même fiancés. Enfin, c'est une façon de parler : nous n'avons organisé aucune cérémonie. Simplement, nous nous sommes engagés l'un à l'égard de l'autre devant quelques-uns de mes amis. Cela nous suffisait. J'étais très heureuse. Je savais que je pourrais l'aider parce que je comprenais toute sa sensibilité, ses doutes, ses désirs. Lui, de son côté, m'apportait une force inimaginable, sa culture, son intelligence. Il n'avait pas confiance en lui. Il se lançait des défis en permanence. Un jour, il s'imposait les exercices physiques d'un champion. Le lendemain, il s'enfermait pendant vingt heures dans son bureau pour travailler sur des équations, des décryptages ou des schémas de machines toutes plus compliquées les unes que les autres. Jamais je n'ai croisé un homme aussi entier ni aussi intègre. Mais surtout, il était d'une sensibilité étonnante. Il me parlait parfois de son goût pour le conte de Blanche-Neige. « Je ne comprends pas cette méchanceté, me disait-il à propos de la sorcière. Moi, je serai toujours ton prince charmant, ajoutait-il. Mon cœur aussi bat pour deux. » Ce qui ne semblait pas lui correspondre, en revanche, c'est la célèbre formule « et ils eurent beaucoup d'enfants ». Son ambition d'alors, c'était plutôt de donner vie un jour à des matières inertes. « Ne voudrais-tu pas avoir de vrais enfants ? lui avais-je demandé. – Ce que je veux avant tout, c'est inventer des machines et faire des découvertes que tu seras la première à connaître, m'avait-il rétorqué. J'imagine aussi qu'un jour, je serai riche et que je pourrai te gâter. » Et puis il était parti d'un immense éclat de rire…

– Finalement, il n'a jamais été riche et il ne vous a jamais épousée…

– C'est vrai. J'ai senti qu'Alan avait besoin d'autre chose, qu'une femme ne saurait suffire à son bonheur. Je l'ai interrogé sur ses objectifs, sur la manière dont il envisageait notre vie. Je lui ai demandé s'il se voyait plus tard responsable d'une famille…

– Et il vous a répondu qu'avec le père qu'il avait eu, il ne disposait d'aucune référence sur la manière d'être un chef de famille au sens plein du terme…

– Absolument. Mais je crois que pour cela, j'aurais pu l'aider.

– Alors ?

– Eh bien… Alan m'a expliqué qu'il ne pourrait jamais se contenter d'être un époux. Il m'a avoué qu'il aimait les hommes autant que les femmes et peut-être même davantage. Il m'a parlé de Bob, un jeune garçon qu'il voyait régulièrement. Il était gêné de cet aveu, mais en même temps, sa franchise ne supportait pas la moindre contradiction. J'étais abasourdie. J'ai d'abord imaginé qu'il voulait tester mon attachement. J'ai même cru qu'il s'agissait de l'une de ces plaisanteries dont il était si friand. Nous avons donc continué de nous voir pendant plusieurs mois. J'essayais d'effacer de mes pensées cette conversation qui m'avait fait si mal. Un jour, j'ai compris qu'il m'avait dit sa vérité, et que je ne pourrais jamais construire un projet stable avec lui. Je lui ai reproché de vouloir se marier pour éviter tout soupçon sérieux au sujet de son homosexualité. Il ne m'a pas contredite. J'ai compris que notre union ne serait qu'un alibi. Nous en avons tiré les conséquences ensemble. À ceux qui l'interrogeaient sur la date de notre mariage, il a dit : « Nous n'avons pas le temps, c'est la guerre. » Les gens ont trouvé l'excuse valable.

– Et vous ne vous êtes plus jamais revus ?

– Si, bien sûr ! Je ne pouvais pas quitter Bletchley Park et lui non plus. Les règles de la vie militaire ne permettaient pas d'improviser. Nous nous sommes donc côtoyés jusqu'au jour où il est parti aux États-Unis. Il était toujours prévenant à mon égard. Il m'offrait des petits cadeaux. J'en étais d'ailleurs émue et très fière d'autant qu'Alan était devenu une sorte de héros, quelqu'un que tout le monde admirait pour son travail et son acharnement à décrypter les messages ennemis. On disait même qu'il était celui grâce auquel on gagnerait la bataille finale. Et c'est bien ce qui s'est passé. En même temps, il était d'une modestie incroyable. Plus on le félicitait, et plus il minimisait son rôle. Il disait par exemple : « Si les Allemands avaient eu Colossus entre leurs mains, ils nous auraient battus. Notre chance, c'est qu'il n'y avait que quelques machines Colossus alors qu'il y avait des milliers d'exemplaires d'Enigma. Nous avons pu lire leurs pensées. Ils ne pouvaient pas connaître les nôtres… »

Joan m'avait apporté quelques photos de cette période. Sur l'une d'elles, ils posaient tous les deux derrière sa bicyclette. Ils étaient enlacés et souriants. Ils formaient un beau couple. Le cliché le plus abîmé montrait Alan allongé sous la machine Colossus, un tournevis à la main, brandi comme s'il portait la flamme olympique.

– Les prises de vues étaient strictement interdites pour des raisons de confidentialité, m'a-t-elle aussitôt précisé. Mais nous aimions beaucoup, l'un comme l'autre, braver les consignes ! Ce jour-là, Alan travaillait seul dans sa hutte. Il ne cessait de répéter que son invention devait lui obéir.

Joan m'a offert ces photos.

– Vous voilà munie de preuves ! a-t-elle souri, avant d'ajouter : On ne m'ôtera pas de l'idée que le débarquement des Alliés en Normandie lui doit une grande part de sa réussite. Après la guerre, j'ai souvent pensé à lui en me demandant dans quelle nouvelle aventure il s'était lancé. Mais nous ne nous sommes plus jamais revus. Je me suis mariée, j'ai élevé mes enfants, ma vie a pris une autre direction.

– Je vous comprends, Joan.

– Depuis que j'ai appris la mort d'Alan, j'ai le sentiment d'une terrible injustice à son égard. Qu'un scientifique comme lui ait sombré dans l'anonymat, privé de la reconnaissance que la Nation lui devait, me semble inconcevable. Alors je me suis dit qu'ensemble, nous pourrions peut-être faire quelque chose pour que sa mémoire et son talent soient réhabilités. C'est pour cela que je suis venue vous voir…

Je n'avais pas songé un seul instant à une telle perspective. Je lui ai promis d'y réfléchir. J'ai placé sous cadres les photos qu'elle m'a apportées. Ces images nouvelles me donnent le sentiment que la vie continue, avec ses surprises.

16

– Alan, tu ne vas pas faire semblant d'avoir tout oublié de ces années, répétaient Bob et ses amis au cours d'une promenade dominicale dans les rues de Londres dévastées par les bombardements.

En ce printemps 1946, la petite bande de copains découvrait les amas de pierres, de vitres et de bois mêlés et s'étonnait de la variété des papiers peints décorant les pignons d'immeubles écroulés. La désolation, les ruines, les chaussées crevassées témoignaient d'une brutalité récente.

– La guerre, tu l'as bien faite comme tout le monde, non? insistait Bob.

– Arrêtez de me casser les pieds avec ça! Racontez vos exploits si vous voulez. Moi, je n'ai rien à dire sur cette période!

Ils avaient aussitôt changé de sujet, évoqué l'été splendide qui s'annonçait, quel que soit le temps, puisque la liberté était sauve, puisque la bataille mondiale était gagnée. Ils avaient admiré les fleurs d'un jardin public, croisé plusieurs groupes de jeunes qui riaient autant qu'eux, raconté quelques projets qui leur tenaient à cœur. Mais Bob revint à sa question initiale.

– D'accord, Alan, d'accord, nous ne t'interrogerons plus sur ce foutu conflit. Il est derrière nous, un point c'est tout. Mais, quand même, tu peux bien nous en dire un peu plus sur tes exploits, à nous, tes vieux amis…

– Non ! J'ai tenu ma place. C'est tout. La mémoire, ce n'est pas fait pour ressasser le passé : elle doit servir à préparer l'avenir.

Ils n'en sauront jamais davantage.

Alan ne cherche pas à oublier. Il ne cherche pas à cacher. Il tient juste à respecter l'engagement de confidentialité qu'il a pris en rentrant à Bletchley Park. « Une partie de votre mémoire appartiendra pour toujours au gouvernement », lui avait-on dit. C'est cette part de secret qu'il protège.

Un jour, pourtant, il a failli craquer. Lorsque Winston Churchill prend la décision de détruire toutes les preuves de l'activité de Colossus en ordonnant que l'on supprime les machines qu'Alan avait conçues, il envisage d'alerter la presse, ses amis, le monde entier ! Alan ne supporte pas cette idée. Il éprouve un terrible sentiment de mépris pour son travail. « Ils vont tout broyer en petits morceaux de quelques centimètres carrés », note-t-il dans son cahier. « Rien de ce que j'ai imaginé ne subsistera », ajoute-t-il en se demandant pourquoi le gouvernement a honte, pourquoi il organise ce sabotage. Alan n'est pas à la recherche d'une reconnaissance officielle. Il attend juste un peu de respect. Bien sûr, il a conservé ses notes et ses calculs que personne ne viendra lui confisquer. Mais quand même ! Il ne peut accepter que le Premier ministre ait peur du futur au point de briser le passé.

– La guerre froide, la phobie des espions et de l'Union soviétique ou encore celle d'un complot mondial contre la Grande-Bretagne, tout cela ne peut justifier de telles précautions. Je crains que cette décision résulte d'un désir d'oublier, se lamente-t-il auprès d'un collègue de l'université.

Il enrage. Pourtant, il se tait. Depuis le plus jeune âge, il a appris à masquer ses sentiments, à dissimuler ses passions, à accepter l'adversité, à avancer seul dans cette vie où il pense offrir le meilleur de lui-même et ne recevoir en échange que le minimum.

Il sait surmonter ses déceptions et refouler ses colères. Ce ne sera ni la première fois ni la dernière.

Il n'a rien dit non plus, n'a pas porté plainte, lorsqu'il a perdu les deux lingots d'or qu'il avait cachés au début de la guerre avec mille précautions. L'un était placé sous un pont et l'autre dans un bois. Il avait noté scrupuleusement les coordonnées de ses caches et les avait inscrites sur une feuille insérée dans une bouteille posée sous un autre pont. C'était un vrai travail de piste, un labyrinthe mystérieux, un parfait brouillage des données. De la broutille pour le spécialiste de l'encodage. Pourtant, il n'a retrouvé aucun de ses dépôts. Ni la bouteille ni les lingots. Il a tout perdu. Ses économies ont disparu. Silence : furieux, mais muet.

Le retour à la vie civile le place sur une nouvelle ligne de départ. La guerre a brisé ses objectifs initiaux, détruit ses projets de recherche, éloigné ses rares amis, ruiné ses maigres économies. Colossus n'existe plus. Après la tension d'années consacrées à concevoir, construire, adapter, utiliser l'arme la plus pacifique et la plus efficace de la guerre, il éprouve subitement un sentiment d'inutilité. La dépression n'est pas loin. Journées sans rythme, soirées sans chaleur, semaines sans projets…

Heureusement, Bob d'un côté et sa mère de l'autre comptent les points et l'encouragent.

– Arrête, Alan, d'imaginer que le monde entier t'en veut ou t'ignore. À ton âge, peu de jeunes ont réussi aussi bien que toi.

– À mon âge, Alexandre le Grand était déjà mort et il avait conquis le monde ! réplique Alan, en tirant nerveusement sur une cigarette. Moi, je ne suis qu'une ombre : l'ombre de von Neumann, l'ombre des militaires de Bletchley Park. Je suis un spécialiste des seconds rôles, un petit mathématicien qui construit des machines éphémères ! Personne ne me fait confiance pour des projets d'envergure. Voilà les faits !

Surprise ! Il est nommé officier de l'ordre de l'Empire britannique à titre militaire. Une distinction importante, rarement attribuée à un homme aussi jeune. Elle offre à son récipiendaire un fantôme de droits, certes, mais une cuirasse définitive de respectabilité. Elle récompense, selon le vœu du roi George V qui l'a créée en 1917, des actes de bravoure. Les bénéficiaires de cette reconnaissance ne se comptent pas par milliers. Le mesure-t-il ?

Il reçoit la récompense avec discrétion : il n'est jamais à son affaire quand il s'agit de protocole. « Ils m'ont épinglé », s'amuse-t-il dans son cahier. Jamais il ne portera l'insigne dont il ne fera mention nulle part : « Je n'aime pas les récompenses offertes aux anciens combattants. Elles semblent les féliciter de n'être pas morts à la guerre », écrit-il sur l'enveloppe dans laquelle il range le ruban rose coupé en son centre d'une bande gris perle, et sa médaille portant la devise « Pour Dieu et l'Empire ».

Il entend établir sa réputation sur ses recherches, obtenir une reconnaissance scientifique pour ses travaux, et non tirer gloire du statut de vieux militaire malgré lui – ce qui provoque, pense-t-il, un mélange malsain d'admiration et de pitié.

– À trente-cinq ans, on sait enfin et on peut encore, se rassure-t-il devant Bob, avec lequel il court presque chaque jour durant trois heures pour conserver une chance de briller en athlétisme dans les prochaines compétitions.

« Sir Turing », puisque tel est désormais son titre, est en vérité un homme inclassable et encombrant. Il ne rentre dans aucun cadre. Sa compétence dépasse les besoins d'un petit laboratoire, son caractère exclut la dépendance stricte à une hiérarchie, son comportement interdit l'accès définitif à des fonctions professorales. Mais dans le même temps, sa prodigieuse intelligence et son extraordinaire ténacité obligent à favoriser ses travaux.

À Teddington, au nord de Londres, le laboratoire national de physique dirigé par Charles Darwin, petit-fils du fondateur de la théorie de l'évolution, cherche à mobiliser les plus grands noms de la science britannique.

Darwin a entendu parler de Turing. Il le convoque.

– Ici, je n'ai de postes à pourvoir que pour les meilleurs. L'Empire britannique doit démontrer sa supériorité sur toutes les nations du monde dans chaque domaine de l'intelligence. J'entends réunir dans ces murs les plus grands cerveaux du pays. Je ne cherche pas des hommes qui veulent se faire un nom, mais des spécialistes confirmés qui cherchent à réaliser quelque chose.

Alan apprécie le ton direct de son interlocuteur et son ambition affichée.

Il a préparé l'entretien. Il sait qu'il joue, dans les minutes qui vont venir, une part essentielle de son avenir. Voilà plusieurs années qu'il a été détourné de son ambition scientifique pour cause de guerre. Maintenant, il ne veut plus perdre de temps.

– Monsieur Darwin, ce laboratoire existe depuis maintenant quarante ans. Pouvez-vous m'indiquer quelle découverte décisive a été faite dans ces murs en deux générations ?

– D'emblée, je dois citer lord Rayleigh, qui a contribué à la création de ce laboratoire et a reçu le prix Nobel en 1904 pour ses travaux sur l'acoustique et la diffraction de la lumière…

– Oui, il a expliqué la couleur du ciel et il a découvert l'argon. Et depuis ? Qui donc, parmi vos chercheurs, a contribué à la renommée de votre laboratoire ?

Charles Darwin trouve l'attaque trop violente.

– Tous nos savants ne sont pas obnubilés par la notoriété. Ils cherchent des progrès davantage qu'un Nobel… Je vous l'ai dit, je veux rassembler des talents. Pas des ego.

Alan expose son projet. Il se situe entre l'abstraction et la matière, entre le calcul pur et la construction en dur : il s'agit d'inventer l'intelligence artificielle, ni plus ni moins.

– Si toutefois vous m'en donnez les moyens, précise-t-il.

– Mon rôle, vous le comprendrez, n'est pas de vous garantir le succès. Il se limite à le rendre possible. Avec nous, vous restez un militaire, certes, mais sans ennemis. Vous remplirez des objectifs bien sûr, mais ceux que vous vous assignerez ! lui rétorque le patron du laboratoire.

L'accord étant conclu, Alan quitte l'établissement dans un véritable état d'excitation. Il saute de joie, siffle, jette ses bras vers le ciel : on pourrait le croire fou. Il court chez sa mère à qui il offre une énorme brassée de fleurs en s'exclamant :

– Maman, ton fils entre dans l'histoire !

Ethel sourit, l'embrasse, puis, après qu'ils se sont tous les deux assis dans le canapé, le félicite à sa manière :

– Fais attention à toi, Alan. Bien sûr que je suis heureuse. Mais j'ai toujours peur quand on invoque l'histoire. Ce que j'en sais, c'est qu'elle est souvent dramatique. Elle écrase ceux qui l'écrivent. Fais bien ton travail. Soutiens tes supérieurs. Ne te fais pas remarquer. Voilà ce qui est essentiel.

Alan acquiesce, mais ne partage pas les préventions de sa mère. À quoi servirait-il d'engager la conversation avec elle sur ces sujets, puisqu'ils ne sont pas sur la même planète ? Au fil des années, il s'est habitué à être mal compris. Comment pourrait-il en vouloir à celle qui s'est toujours sacrifiée pour qu'il fasse des études et des voyages, sans jamais vraiment comprendre ses travaux ?

– On ne laisse pas dans la nature une telle volonté de réussir, explique Darwin à son conseil d'administration, inquiet des compétences du mathématicien dans les domaines de la physique pure.

Un rapport détaillé des états de service d'Alan rassure cette assemblée confidentielle, sans pour autant l'enthousiasmer. Toujours la bataille des spécialités, dans le monde complexe de la science…

Loin d'imaginer les doutes que son intégration inspire en haut lieu, Alan savoure la perspective de s'investir à fond dans sa recherche fondamentale. Devant Bob, il affirme :

– Je suis tel un artiste peintre auquel on donne le chevalet, les toiles et les tubes, et auquel on dit : « Faites ce que vous voulez, cela nous conviendra toujours puisque c'est vous qui l'aurez peint. »

– N'es-tu pas un peu trop optimiste ? lui répond son ami.

Débutent, sans qu'il en prenne vraiment conscience, les plus belles années de sa vie. Il les dévore avec un flegme qui masque une grande fébrilité. S'il donne l'illusion de la nonchalance, son esprit s'agite en tous sens. Sa manière de vivre et son rythme de travail sont réglés, ses calculs s'entrecroisent, se superposent, s'imbriquent dans un cerveau en ébullition. Cette effervescence est mise au service d'une obsession que ses collègues qualifient de folie : il veut créer la machine à calculer automatique, l'intelligence artificielle.

Il amoncelle dans son bureau des notes et des rapports, parcourt les laboratoires étrangers, notamment en Allemagne, pour mieux comprendre l'état réel des progrès des équipes scientifiques concurrentes. Il n'est bien sûr pas dupe de ces échanges professionnels où la courtoisie l'emporte sur la vérité. Certaines questions sont des aveux et certaines réponses, des preuves. Mais il sent bien qu'il ne doit avoir confiance qu'en lui-même.

À aucun moment il ne perd de vue son objectif. À nulle heure du jour ou de la nuit il n'envisage l'échec de son entreprise. « Ils vont enfin comprendre à qui ils ont affaire », note-t-il en lettres majuscules dans son cahier.

Sa passion l'isole progressivement du groupe de chercheurs qui s'investissent sur des sujets très différents des siens dans les ateliers, laboratoires et bureaux voisins. Bob, qui aime se moquer gentiment d'Alan, compare le laboratoire de Teddington à un zoo :

– Vous êtes les uns à côté des autres. Mais chacun dans sa cage. Dans chaque enclos, les règles sont différentes. Le visiteur peut admirer chaque espèce, les comparer. Mais vous, vous n'avez pas de vision d'ensemble…

– Très drôle, rétorque Alan. Toutefois, il y a une différence majeure entre un zoo et Teddington : chez nous, les visites sont interdites !

De fait, Alan n'est guère curieux de ses voisins. Il les ignore. Ce n'est pas du mépris, mais juste un manque de temps. La convivialité n'est pas son fort.

Horaires de travail décalés, œil rageur, accoutrements singuliers, absence chronique à toutes les réunions festives organisées : Alan ne fait aucun effort pour amadouer une confraternité orgueilleuse. Pourquoi mimerait-il une complicité, fût-elle professionnelle, lorsque le seul point commun entre eux résulte d'une proximité géographique ?

Au fil des mois, ce comportement produit une incompréhension grandissante. Dans les pièces voisines de la sienne, il devient peu à peu l'objet des conversations. Il est la bête noire, l'intrus.

Les plus perfides s'inquiètent de la contagion éventuelle de sa folie sur leurs propres comportements. Certaines ondes seraient-elles transmissibles ?

Les plus courageux hésitent à pousser la porte d'un bureau trop souvent fermé. Ils disent redouter d'affronter l'air sévère, fermé et concentré du professeur Turing.

– Il n'est pas méchant, pourtant, ose Alfred, un assistant téméraire.

– Peut-être, mais on ne croise jamais son regard. Quand il ouvre les yeux, c'est toujours pour scruter son propre cerveau ! corrige aussitôt son collègue.

– Voilà un jugement très injuste. Il est timide, il craint de déranger, reprend Alfred. Vous en avez peur parce que vous ne faites pas l'effort de le connaître. Moi, je l'ai aidé une fois ou deux.

Et contrairement à ce que vous croyez, je l'ai trouvé plutôt sympathique.

– Tant mieux pour toi ! Pour ma part, j'ai plutôt l'impression qu'il serait capable de tout casser dans un accès de découragement.

– Eh bien moi, je pense surtout qu'il est capable de tout construire dans un moment de fulgurance, conclut Alfred.

Contre toutes les prévisions de cette perplexité bavarde, Alan progresse dans son travail. Il est sur le point de présenter les plans du premier ordinateur au monde, qui se dénomme ACE (Automatic Computing Engine).

Il n'a pas seulement dessiné des diagrammes de circuits logiques. Il propose une estimation du coût du projet.

Il décrit une machine capable de traiter tous les problèmes dans leur ensemble et non un appareil nécessitant sans cesse l'intervention humaine pour introduire et extraire des données. Il invente la programmation, qu'il dénomme « instruction abrégée pour ordinateur » : sa machine est capable de suivre les ordres qu'elle a reçus. Surtout, il ose dire qu'elle est intelligente. Il pense même qu'elle « pourra apprendre, grâce à l'expérience et si sa mémoire est importante ».

Sa façon de parler de son invention comme s'il s'agissait d'un être humain, de l'imaginer à la fois intelligente et capable de mémoire, provoque le rire de la communauté scientifique.

– Turing a perdu la notion de la réalité, suggère-t-on à mi-voix, en rappelant qu'il est impossible de simuler la pensée humaine.

– Cet homme confond la poésie et l'algèbre, ajoute un éminent professeur qui répète qu'un cerveau est un mélange très évolué et complexe d'architecture et de dynamique.

Alertés d'une invention révolutionnaire, les intellectuels prennent, eux, l'affaire au sérieux. Sans comprendre les subtilités du travail, ils décident de porter un jugement. Ils redoutent un monde de machines conspirant ensemble contre la communauté humaine qui les aurait créées. Ils décrivent un avenir sombre, glacial, sans poésie ni sentiments, où une froide logique s'opposerait sans cœur aux humeurs des hommes.

– Frankenstein était une fiction romanesque et Turing lui donne vie, s'offusque un parlementaire britannique spécialisé dans les technologies, lors d'un débat houleux concernant le budget consacré à la recherche.

– Ne vous emballez pas, lui rétorque un collègue hilare, Turing s'est fourvoyé dans un égarement futile. Le cerveau est un objet biologique issu d'une évolution tout à fait inimitable ! Nous ne craignons rien !

– Mais de quoi donc avez-vous peur ? renchérit un troisième orateur. D'une machine qui ne dépassera pas l'intelligence d'une amibe ?

À peine lancé, le débat est clos. Tout juste le procès ouvert, la sentence est tombée !

Alan persiste néanmoins. Certes, il ne trouve guère de défenseurs pour son idée. Mais il n'a jamais oublié ce proverbe appris dès l'enfance : « Si tu avances, tu meurs. Si tu recules, tu meurs. Alors, pourquoi reculer ? »

Il admet, lors d'une conférence où la plupart des participants bousculent sa théorie, que sa machine est dépourvue d'imagination

« pour le moment », et qu'elle ne sait pas encore apprécier un baiser ou une tarte aux fraises.

Il est là, seul au pupitre, cravate un peu dénouée. Les mains moites, le dos en nage, il cherche désespérément, dans cette salle à moitié vide, une voix pour le soutenir.

– Laissez sa chance à mon invention, ne lui reprochez pas de n'être qu'une machine, supplie-t-il.

Et d'ajouter qu'il faut permettre à son appareil d'être en contact avec des humains pour qu'il puisse s'adapter à leurs normes. Ce dernier appel provoque un fort brouhaha. Cette hostilité le surprend et le meurtrit.

Il pense à sa mère, qui aurait eu honte pour lui si elle avait assisté à cette séance. Il imagine Bob, le fidèle, l'indestructible ami, lui prenant le micro des mains pour insulter « l'ignorance bourgeoise de cette salle d'incultes ». Oui, ce sont les mots qu'il aurait prononcés, il en est sûr. Mais pour l'heure, et comme tous les grands scientifiques qui l'ont précédé, il se trouve confronté à l'incrédulité générale :

– Un tel progrès ne servira à rien.

– Il ne s'agit pas d'une invention.

La ritournelle des conservateurs est lancée. Les objections fusent de toutes parts. Il doit s'y faire, car il n'y a pas de révolution sans critique ni peur : tel est le prix de toute découverte.

Dans son cahier, il note sans aucune humilité : « Plus personne ne se souvient de Pouchet. Ce savant affirmait l'existence d'une génération spontanée du vivant. Face à lui, Pasteur estimait que le vivant ne pouvait naître que du vivant. C'est sur ce constat que Pasteur a inventé le microbe. Et Pouchet, c'est qui, aujourd'hui ? Pasteur a pris le temps, trouvé l'énergie et imposé sa vérité. Il en sera de même pour moi. »

Alan n'est donc pas découragé des assauts livrés contre son idée. Mais il est étonné par la malveillance et surpris par l'agressivité de ses détracteurs.

– Pourtant, je n'ai tué personne, se plaint-il auprès de Bob.

Jusque-là, il avait avancé dans la vie protégé par le professeur von Neumann ou par la hiérarchie militaire de Bletchley Park. Et soudain, il se trouve seul face à la meute.

Le comité exécutif des laboratoires de Teddington, présidé par Darwin, demande à l'entendre. C'est la règle : ici, comme dans un tribunal, on ne juge pas sans avoir donné sa chance au fauteur de troubles.

Mais il fait sa présentation au milieu des bâillements. Est-ce à cause de l'inconfort d'une salle sombre et trop chauffée ? Est-ce la conséquence d'une présentation effectuée à une heure tardive ?

En réalité, mal préparé pour cet exercice oral, Alan multiplie les maladresses, réfute sans courtoisie les objections, accumule les données techniques au point de voir ostensiblement plusieurs membres de l'assemblée quitter la salle pour cause inavouée d'épuisement. D'ailleurs, depuis longtemps déjà, les auditeurs les plus attentifs ont lâché leurs crayons et renoncé à le comprendre.

– Je ne suis pas fait pour l'oral. Je ne suis pas armé pour le débat, constate-t-il, lucide, une fois l'exercice achevé.

– Quand donc comprendras-tu qu'il faut enduire de miel la pointe d'une flèche de vérité ? lui reproche l'un de ses rares soutiens, qui tente de le réconforter autour d'une bière, dans un pub du quartier où les professeurs ont leurs habitudes.

– C'est terrible : personne ne peut contester sérieusement mon travail, mais aucun collègue n'accepte de le soutenir. Je crois que je ne parviens pas à rassurer sur le fait que créer une machine, ce n'est pas créer une âme.

Il est sur le point de perdre la bataille. « La conscience est le propre des seuls organismes vivants », rappelle un homme d'Église, trop content d'une polémique qui lui permet de prendre la parole. « L'engin de Turing simule l'intelligence. Il peut affirmer qu'il comprend, sans rien comprendre en réalité. Cette machine peut reproduire des gestes, mais non les inventer », constate un philosophe lors d'une émission radiophonique.

Un humoriste caricature Turing en Pinocchio avec cette légende cruelle : « Deux marionnettes menteuses : Pinocchio qui voulait devenir un grand garçon et Turing qui nous prend pour des enfants. »

Chaque jour apporte son lot d'attaques, de mauvaise foi, d'incompréhensions, de suspicions. Le doute scientifique s'infiltre, l'inquiétude gonfle.

La meute qui s'agglutine contre une seule personne trouve sa puissance dans son propre aveuglement. La virulence d'un groupe est d'autant plus cruelle que la cause de son union ne relève d'aucune logique. C'est le danger des foules et le drame de ceux qu'elles désignent en les accusant sans raison.

Comment Alan, surpris dans la bastille de ses certitudes, pourrait-il faire front ? Il a le talent d'inventer, non celui de convaincre. « C'est une lapidation », se plaint-il dans son cahier.

Pendant que l'Angleterre scientifique s'insurge, les Américains annoncent une invention électronique plus avancée que celle conçue à Teddington. L'initiateur de cette machine concurrente n'est autre que le professeur von Neumann…

Alan est totalement abattu. C'en est trop !

– Vous n'avez décidément aucune conscience des enjeux auxquels ma machine peut répondre, explose-t-il lors d'une émission de radio où ses contradicteurs s'abandonnent à l'hilarité. Outre-Atlantique, une découverte à peu près semblable à la mienne provoque des applaudissements. Lorsqu'elle débarquera dans nos ports, vous irez l'admirer. Vous avez sous les yeux, ici, en Angleterre, une réponse aux problèmes de l'avenir. Mais voilà : aucun Parisien ne gravit les marches de la tour Eiffel comme aucun Anglais ne veut donner sa chance à une technologie créée en Angleterre.

Il se bat pied à pied contre ses détracteurs et expose les bénéfices que l'on pourrait attendre de sa machine : effectuer des tâches dangereuses ou de grande précision, répéter des gestes automatiques, entre autres exemples…

Il met en garde contre l'invention de von Neumann outre-Atlantique, affirmant que la tradition américaine consiste toujours à résoudre les problèmes à l'aide d'équipements lourds et coûteux, quand la force de la science britannique relève de la seule pensée.

– Argent américain ou intelligence britannique : voilà le choix que vous devez trancher, déclare-t-il devant la presse.

C'est l'argument du désespoir. Il porte ses fruits. Alan réveille enfin la fierté de la communauté scientifique anglaise.

– Notre île doit conserver son avance sur le continent américain, souffle un député qui soutient courageusement le projet de Turing.

– En voilà un qui mériterait d'être décoré par la reine ! s'exclame Alan en lisant ces propos dans le journal.

La presse s'intéresse subitement à cette querelle d'experts qui reflète sa propre incompréhension. Et si tout le monde faisait fausse route ? Et s'il y avait injustice ? Et si Turing avait raison ?

Alan est interviewé, photographié, sollicité de toutes parts. L'enthousiasme succède à l'indifférence. On a découvert le génie britannique des mathématiques. « Turing fait gagner l'Angleterre », titre un hebdomadaire réputé qui consacre trois pages au savant, avec photos, textes et témoignages. Il doit répondre à d'infinies questions, où se mêlent toutes les curiosités : enfance heureuse ? Orientation politique ? Préférences gastronomiques ? Principes ?... Alan est submergé, asphyxié, décontenancé par tant d'indiscrétions. Tantôt il improvise, tantôt il esquive. À l'ultime question : « Quel est le plus beau jour de votre vie ? » il se retranche derrière une jolie pirouette en affirmant : « Demain ! »

Nulle part, bien entendu, il ne fait mention de l'expérience de Colossus. Sur ce point, Alan sera toute sa vie intraitable, loyal à la Couronne.

« L'intelligence naît en Grande-Bretagne », confirme un quotidien où Alan, visage carré et souriant, œil clair et vif, pose en une. Il semble détendu et sûr de lui, devant un tableau noir qu'il a rempli à la craie de signes cabalistiques. Sous sa photo, une légende précise : « Plus fort que les Américains, Alan Turing a déjà inventé la machine qui parle. Il veut maintenant lancer la machine qui pense. »

Jusque-là auditeur fidèle de la BBC, il en devient soudain l'un des invités les plus assidus. Plusieurs émissions, consacrées à l'avenir, au progrès, à la médecine, à l'éducation, lui donnent la parole. Il y développe sa vision d'un monde pacifié, moins dur pour les ouvriers, plus sûr dans les usines. Il prône l'apprentissage commun des mathématiques, de la physique et de la biologie, en affirmant que la science est globale. « Ces trois matières sont aussi indissociables les unes des autres que l'orthographe, la grammaire et la prononciation dans l'expression de la langue anglaise. »

Cette suggestion provoque de nombreuses réactions, mais qu'importe. Après tout, la vraie victoire est là : le grand public l'écoute, les journalistes veulent en savoir davantage et la fameuse célébrité, qui fonde les réputations plus sûrement qu'un travail de laboratoire, est peut-être en train de sauver son idée. Alan-le-solitaire, Alan-l'incompris, serait-il en passe de gagner son pari ? Va-t-il devenir, grâce à l'encre et à la voix des journalistes, le mathématicien le plus célèbre d'Angleterre ? Porté par une popularité qu'il n'a jamais connue jusqu'ici, va-t-il enfin obtenir du gouvernement les crédits nécessaires à la construction de son modèle ?

– Il parle trop ! s'inquiètent les autorités de Teddington.

– Il est peut-être convaincant, mais il est terriblement dangereux, confirment les militaires qui ne sont jamais loin de lui, inquiets qu'il puisse, dans l'euphorie de sa notoriété, dévoiler des secrets de guerre.

– Turing est un simple théoricien, et non le patron opérationnel d'une unité de recherche, minimise l'administration de Teddington auprès des journalistes.

Il faut d'urgence l'éloigner d'une presse trop laudative et trop curieuse, conviennent confidentiellement mais en chœur les autorités britanniques : il faut séparer Turing de sa découverte.

Le pire des destins est de se sentir ménagé. C'est la faveur réservée aux vaincus. Alan ne subira pas ce sort. Au moment même où il tient son succès, où son invention va prendre corps, le voici promu, élevé… et en vérité muté à Cambridge, loin de sa machine et de ses calculs. Il est répudié. Le voilà chercheur sans laboratoire !

17

– VOUS NE SAVEZ TOUJOURS PAS de qui il s'agit ?

– Non, madame Turing. Et pourtant, je surveille, je suis aux aguets, croyez-moi ! Mais je n'y comprends rien. L'individu doit venir la nuit. Si je fais erreur sur ce point, c'est que je ne suis plus capable de surveiller ce cimetière…

Le gardien ne m'est donc d'aucun secours.

Chaque semaine, la tombe d'Alan est fleurie. Mais je ne sais pas d'où provient cette attention secrète, bienveillante et anonyme. Une autre main que la mienne protège de l'oubli la pierre sous laquelle repose mon fils. Il existe quelque part à Manchester une femme ou un homme qui a décidé d'honorer la mémoire d'Alan dans la plus grande discrétion. S'agit-il d'un ancien étudiant, d'un ami, d'un vieux collègue, d'une personne qu'il aurait aidée ? Je l'ignore.

Le temps passe et n'a affaibli ni la régularité des visites ni la beauté des fleurs posées sur sa tombe. Lorsque je viens ici, il me semble que nous sommes trois : Alan, l'inconnu et moi.

Cette présence anonyme me trouble.

On croit en général qu'un cimetière est le lieu où l'on se sépare de ses morts. Pour moi, c'est tout l'inverse : un endroit où on les rencontre, où on leur parle. Ici, je viens raconter à Alan les événements du monde qu'il a quitté. Je lui ai annoncé la démission de Winston Churchill, la pose du câble téléphonique transatlantique qui nous relie désormais aux États-Unis. Je lui ai parlé de la victoire du Français Alain Mimoun aux jeux Olympiques de Melbourne et de la place calamiteuse de notre premier athlète britannique, Harry Hicks, arrivé seulement quinzième avec onze minutes de retard sur le vainqueur. Je l'ai informé du nouvel ordinateur de la loterie nationale, que l'on dénomme Ernie. Je n'ai pas osé lui faire part de la publication du rapport Wolfenden qui vient de faire grand bruit en proposant que la vie privée des homosexuels ne soit plus punie par la loi, parce que « ce péché doit être distingué d'un délit ».

Alan est donc au courant de tout, y compris de ma vie et de celle de son frère, des visites que j'ai reçues et des difficultés que je rencontre. Il m'arrive aussi de lui demander conseil.

Certaines de mes amies se moquent de moi, pensent important de me rappeler qu'Alan ne m'entend pas. Je leur réponds qu'elles se trompent. Quand on croit en Dieu, on sait que l'esprit de ceux qui ont disparu reste accessible.

D'ailleurs, Alan me guide plus souvent qu'on ne le croit. Lorsque je suis triste, lorsque tout va mal, lui rendre visite sur sa tombe m'apaise.

Le visiteur anonyme est sûrement animé du même sentiment. À moins qu'il ne vienne là pour se faire pardonner, fleurir le mal qu'il a fait… C'est peut-être Arnold, cet amant de malheur, sa dernière conquête, son ultime coup de cœur, qui prolonge en silence le dialogue qu'il a contribué à interrompre. Il découvre, à son tour, qu'il est plus douloureux de se souvenir que d'oublier.

Peut-être…

18

On pourrait croire Alan abattu : en réalité, il est libéré. Il n'est pas homme à ressasser ses déboires. « Retour à Cambridge pour une année sabbatique. Sentiment merveilleux d'être là partout chez soi, note-t-il dans son cahier. Joie de marcher dans les rues d'une ville qui n'a plus de mystères à révéler. Plaisir de traverser, intacts, les lieux de liberté de mes jeunes années. Retrouvailles avec Robin et perspective d'une liaison calme et durable avec lui. Les années sont passées et tout demeure. » Alan est heureux d'être là.

Ceux qui l'imaginent amer et découragé se trompent. Ceux qui parient sur le confort de la ville et le rythme lent d'une vie sans contraintes pour endormir les velléités du mathématicien ont perdu d'emblée leur mise.

Un chercheur est quelqu'un qui aspire à en savoir toujours davantage sur des sujets toujours plus petits. Alan est de cette veine. Sa passion pour l'inconnu et l'invisible l'emporte sur tout. Plus l'impensable est en ligne de mire, plus il est enthousiaste, excité et persévérant. « L'art du cabotage, c'est pour les autres. Moi, j'ai la vision des grandes traversées », note-t-il dans son cahier.

Il se lance dans la rédaction de nouveaux articles mathématiques. La science, en effet, ne progresse qu'à travers les publications et les conférences. Si la communauté scientifique valide un travail, l'hypothèse se transforme en découverte.

« Erreurs d'arrondis dans les calculs matriciels » et « Formes pratiques de la théorie des types », deux contributions importantes à la logique mathématique, sont publiées dans des journaux spécialisés. Là se côtoient dans une langue étrange les virgules flottantes, la factorisation des matrices, les changements de pivots, les démarches de dilution ou de transvection, le tout ayant pour objectif de rechercher une stabilité numérique…

« Succès ! jubile-t-il. Mes détracteurs habituels restent silencieux. » Mais est-ce la victoire de son obstination, ou le début d'un désintérêt du monde scientifique pour ses travaux ?

Le « cas Turing » continue de diviser la communauté. Sa manière d'aller chercher dans les ministères les crédits que l'université lui refuse, sa façon d'avancer des résultats sans consulter ses collègues, sans organiser de débats, sans solliciter la validation d'autorités scientifiques dans des domaines où rien n'est prouvé, provoquent une hostilité grandissante.

Indifférent, comme d'habitude, à ce qu'il appelle « des querelles de petits », il déclare à la radio, pour bien se faire comprendre :

– Moi, j'aime le vélo. Je le pratique depuis le plus jeune âge. J'ai vu, lors de compétitions, quel type de coureur l'emportait toujours. Ce n'est jamais, croyez-moi, celui qui met des bâtons dans les roues des autres. C'est toujours celui qui pédale le plus vite. Ce qui est vrai pour le vélo est vrai dans tous les domaines.

– Y compris dans l'univers mathématique ? l'interroge le journaliste.

– Bien sûr ! Le chronomètre y est remplacé par un juge encore plus objectif que le temps. Ce juge s'appelle la preuve !

Au fond, il aime le curieux statut qu'il s'est lui-même forgé. Le voilà comme un cerf face à la meute, persuadé que l'élégance de sa démarche l'emportera sur les aboiements essoufflés de ses poursuivants. Il pense dominer son sujet, mais aussi les autres.

Il suit des cours de psychologie et de physiologie. Pour se comprendre mieux ? Pour échapper à ses doutes ? Pour armer ses travaux futurs ?

« Je tente toutes les hypothèses », écrit-il, énigmatique, à sa mère, sans lui préciser qu'il pense en cet instant à sa vie amoureuse.

Il multiplie en effet les conquêtes masculines : Neville, d'abord, puis Matthews, après s'être séparé de Robin. La soif perpétuelle d'amour se solde à chaque fois par un échec. « Je ne sais pas m'y prendre, ni tirer les leçons de mes expériences passées », constate-t-il. Son goût de la chasse débouche invariablement sur le dégoût de la prise… Le désir de séduire se transforme en obsession de la fuite. « Pourquoi, pourquoi ? » interroge-t-il son cahier à secrets. Il lui arrive de prendre des résolutions d'abstinence mais sans parvenir à les tenir. Chaque nouvelle aventure lui paraît plus lisse encore que la précédente, moins belle, moins sûre, moins riche. Par une sorte de pacte, il conclut que seules ses recherches scientifiques lui apportent des satisfactions, que seul son travail ne le déçoit jamais.

Retranché dans le havre de paix que Cambridge assure à sa communauté, attentif aux travaux scientifiques des quelques confrères qu'il apprécie, il annote, classe, trie, range une documentation qui peu à peu prend la forme d'une idée, puis d'un projet. Un de plus.

Peut-être y a-t-il une similitude entre les machines à calcul et le cerveau ?

Alan tourne toujours autour de ce sujet : il sait que sa force surprendra le troupeau qui somnole.

La vie est presque belle. Il rature des équations, réécrit sans lassitude aucune une théorie qu'il veut inébranlable, scrute les objections qu'elle suscitera et prépare les arguments d'une contre-offensive efficace. Il définit le processus de fonctionnement de la machine qui portera son nom. Le voilà scaphandrier, plongé dans les eaux profondes, obnubilé par un spectacle qu'il est le seul à embrasser, persuadé de remonter bientôt victorieux à la surface.

Mais progressivement, il s'isole encore un peu plus.

– C'est mon choix. Les futilités du quotidien m'indiffèrent, avoue-t-il à une conquête dont il se lassera bien vite, comme toujours.

Il peut porter une semaine de suite la même chemise sans même s'en rendre compte. Des chaussures lacées de cordes ou un pantalon sans forme ne le soucient pas pour sortir de chez lui. Il ne connaît rien aux choses de la mode, à l'architecture, à l'art et cela lui est bien égal. L'arrivée des machines à laver et des fers à repasser électriques ne l'intéresse pas : ce sont des progrès simples. Il vote, mais désormais sans s'impliquer davantage. L'actualité, les événements et les informations l'atteignent sans le toucher.

S'il oublie le monde, s'il néglige le quotidien, l'Angleterre et ses institutions n'abandonnent pas le mathématicien solitaire. Elles le surveillent à son insu. La mémoire du génial concepteur de Colossus présente un vrai danger pour la sûreté nationale. Ce cerveau hors du commun, détenteur de secrets d'État, est-il psychologiquement assez fort pour résister à d'éventuelles offres d'espions étrangers ? Sa vie agitée et marginale ne peut-elle pas croiser l'itinéraire de professionnels du renseignement informés de ses faiblesses ?

Ce que la presse dénomme la guerre froide est en réalité une paix chaude. Alan est discrètement et méthodiquement suivi par une police qui tient un rapport circonstancié de ses déplacements et de ses fréquentations. L'homme n'est pas assez célèbre pour être protégé, mais il est suffisamment important pour être surveillé. Les comptes rendus de ses escapades s'amoncellent dans le bureau d'inspecteurs que l'homosexualité révulse, mais sans suite pour le moment.

La maladresse de certaines filatures aurait pu l'alerter. Il s'en amuse plutôt. Son goût de la provocation y trouve même une sorte de satisfaction. Loin de se cacher, mais sans s'exhiber, il assume librement une existence personnelle instable. John, Patrick et Anthony se succèdent encore dans sa vie et dans des rapports d'enquête, où l'imagination policière dénonce le vice et l'impudeur du mathématicien.

Mais l'Angleterre a tout à gagner à permettre qu'Alan poursuive ses travaux. Ses succès passés plaident en sa faveur et sa notoriété récente le protège : on ne l'inquiète pas. Quelle armée se priverait de son meilleur éclaireur ? Quelle entreprise refuserait les services d'un inventeur fécond ? Quelle nation négligerait son plus grand savant ?

– Alan Turing est incontournable, répète d'ailleurs depuis plusieurs mois le président de la Royal Society, qui songe à l'introniser dans l'honorable assemblée.

Plusieurs académiciens confirment : l'institution s'enrichirait si elle pouvait le compter parmi ses membres.

Entre ceux qui plaident pour son élection et ceux qui s'y opposent en raison de ce fichu caractère, le débat s'aiguise, puis s'enlise. Personne ne conteste la valeur intellectuelle de Turing. Personne non plus n'évoque sa sexualité car, dans ce cénacle bien-pensant, personne ne la soupçonne. Mais la confraternité à laquelle s'obligent les membres de l'Académie supportera-t-elle un tempérament si indépendant, un homme si peu rompu aux règles, un excentrique qui sera sourd aux usages d'une institution multicentenaire ?

– Jamais je ne siégerai aux côtés d'un tel personnage ! tempête un vieil académicien qui menace de démissionner plutôt que de pactiser avec ce diable.

– Ne vous emportez pas, cher ami, le rassure le président. Turing refusera de nous rejoindre : il déteste les génuflexions. Vous l'imaginez docile ? Allons, allons ! Pensez-vous qu'il prendra le temps de nous rendre les visites que le protocole exige ?

Puisqu'on est certain que Turing n'acceptera pas les contraintes de l'Académie, l'unanimité s'établit pour le solliciter officiellement. L'hypocrite calcul rassure les deux camps.

Mais, à la surprise générale, Alan répond favorablement à l'offre de rejoindre les bancs de l'auguste assemblée :

– Je suis très sensible au fait que vous ayez pensé à moi, c'est-à-dire à mes travaux, et je vous en remercie chaleureusement, s'enthousiasme-t-il.

Il adresse une lettre de candidature dans laquelle il évoque « l'honneur, l'intérêt et l'impatience de rejoindre les rangs d'un cercle si prestigieux ».

Ceux qui espéraient son refus, désolés, sont contraints d'applaudir. Les défenseurs d'Alan sont discrètement ravis.

Il rend visite à ses futurs collègues, fait l'effort de quelques amabilités, expose sans trop s'y attarder ses réflexions sur la science mathématique, « qui ne se limite pas à une règle et un compas et revendique d'être une psychologie à la recherche d'une pensée ». Chacun apprécie sa démarche, sans toujours partager son analyse. La courtoisie, la curiosité ou la sympathie lui ont ouvert toutes les portes.

– Là, franchement, tu m'étonnes, s'esclaffe Bob en lui lançant une grande tape dans le dos. Jamais je ne t'aurais imaginé capable de tant de patience et de souplesse pour effectuer toutes ces visites !

– Vraiment ? rétorque Alan, assez fier de lui. Tu sais, il faut toujours se méfier des ressources psychologiques d'un marathonien ! ajoute-t-il.

Le voilà digne de siéger à l'Académie de mathématiques de Londres, l'une des sections de la Royal Society, qui fut, un temps, présidée par Isaac Newton.

La devise de cette institution vénérable lui convient : *Nullius in verbia* (pas de verbiage). Ici, la vérité scientifique s'établit sur l'expérience, et non sur les théories. En vrais scientifiques, les académiciens imposent que l'on distingue bien les faits observés de leur interprétation.

Il est reçu officiellement à l'issue d'un discours qu'il prononce sur « les vertus de la machine virtuelle, en comparaison des problèmes de stockage des informations contenues dans des milliers de livres qu'il n'est pas facile de consulter rapidement ».

Il s'oblige à une démonstration pragmatique. Contre toute attente, il respecte les usages. Serait-il devenu sage? s'interroge un quotidien londonien qui n'a pas oublié la polémique de Teddington. « Je suis demeuré moi-même », semble répondre Alan, en écho, dans son petit cahier. « J'ai tenté de parler de vitesse, de gain de temps, de simplification, d'organisation et de méthode. J'ai tenté de montrer les limites d'un système de mémoire infinie grâce à une bande qui ressemblerait aux rouleaux de papyrus qu'utilisaient les Égyptiens. On imagine en effet le temps qu'il leur aurait fallu, s'ils avaient voulu y chercher une référence. Puis j'ai expliqué les limites d'une mémoire fondée sur les livres, qui n'est pas pratique non plus. On ne peut pas tourner une page trop vite sans risquer de l'arracher et on ne peut pas manipuler un grand nombre de livres très rapidement sans une grande dépense d'énergie. Prenons la plus grande bibliothèque du monde, qui compte plusieurs millions d'exemplaires classés. J'ai rappelé que si nous devions déplacer un livre toutes les millisecondes et lui faire parcourir dix mètres alors qu'il pèse 200 grammes, compte tenu de l'énergie dépensée à chaque fois, nous consommerions 10 puissances 10 watts, soit la moitié de la consommation d'électricité nationale. Et donc, j'ai proposé que nous cherchions à stocker la mémoire sous une forme plus accessible que celle offerte par les livres. Car la difficulté d'obtenir une grande mémoire disponible rapidement importe davantage que le problème d'avoir à effectuer des opérations telles que la multiplication à très grande vitesse. J'ai parlé de la machine universelle. Il faut juste travailler à la programmation de cette machine qui sera intelligente et simple, à condition que ses créateurs disposent des mêmes qualités... »

Le scepticisme s'empare des bancs de l'assemblée. Alan est habitué à l'atonie de ses auditoires. Mais n'a-t-il pas raison de profiter un instant de la traditionnelle ovation qui clôturera forcément son intervention, puisqu'un académicien ne peut avoir tort?

Il sort de cet exercice totalement épuisé. Pendant plus d'une heure, tous les regards ont convergé vers lui sans qu'aucun n'exprime la moindre admiration. Il a cherché dans ces travées un soutien, une approbation même timide, mais n'a découvert que des crânes, des mains jointes, des bouches qui bâillaient, des têtes appuyées sur des paumes raides. Il a ressenti l'impatience de tous ces bavards qui, assez vite, n'en pouvaient plus d'écouter. Un instant, il a même imaginé qu'il avait juste été élu pour subir le supplice du protocole et du port d'une jaquette qui le gênerait. Le costume d'apparat lui a semblé un déguisement... « Cette dignité m'a coûté l'humiliation d'un tel accoutrement », écrit-il à son frère.

Le voilà en tout cas intronisé dans la plus grande académie d'Angleterre, assuré, pour chaque publication à venir, d'un titre honorifique et d'une réputation qu'il pourra mentionner sous son nom.

Ce nouveau statut ne change rien à sa vie. Tout juste la précocité d'un tel honneur le vieillit-elle peut-être prématurément...

Personne ne se retourne dans la rue sur son passage : les sommités ne sont pas forcément des vedettes. Certes, on l'invite davantage à des colloques et des dîners mondains, mais il les fuit autant qu'il peut. On s'extasie qu'à son âge – il n'a pas quarante ans – cet homme sans pedigree soit reconnu par l'aristocratie intellectuelle du pays.

Il est temps, pense-t-il, de publier un article complet sur la machine intelligente, de répondre aux questions dont on l'assaille : « Un objet non vivant peut-il être intelligent ? » « Une machine peut-elle devenir consciente ? »

Alan y travaille avec la confiance inébranlable que ses certitudes ont forgée. Le voilà engagé dans sa démonstration. Qui contredirait désormais un académicien ?

« Il est possible, écrit-il, de construire une machine qui imite n'importe quelle partie de l'homme. C'est ce que font le microphone pour l'oreille et la caméra pour l'œil. Nous y sommes déjà habitués. Ce n'est plus quelque chose de fantastique. De même, on peut construire des robots commandés à distance, dont les membres bougent à l'aide de servocommandes. On pourrait tout aussi bien inventer des modèles électriques suffisamment fidèles pour imiter le comportement des nerfs. Mais cela n'aurait guère plus d'intérêt que de consacrer des efforts à construire des voitures avec des jambes plutôt que des roues. Si on voulait prendre un homme et remplacer tous ses organes par des machines, il aurait des caméras, des microphones, des haut-parleurs, des servocommandes de manœuvre et un cerveau électronique. L'objet serait immense. Le cerveau serait fixe et commanderait le corps à distance. La machine pourrait être autorisée à sortir. Pour les citoyens, il y aurait à l'évidence un danger sérieux. La machine n'aurait aucun contact avec la nourriture, le sexe, le sport. Elle effectuerait ses tâches probablement très lentement. Elle pourrait jouer aux échecs, au bridge, au poker, apprendre des langues et effectuer des traductions. Elle procéderait à des calculs mathématiques. Il faudrait naturellement lui apprendre les règles du jeu, les langues et les chiffres. »

Alan précise qu'il n'est pas utile d'envisager de punir ou de récompenser la machine. « Elle ne ressentira ni plaisir ni douleur, n'aura pas le sens de l'humour, ne pourra pas tomber amoureuse, ne sera ni gentille ni belle », ajoute-t-il… Mais il estime que « s'il n'y a pas de problème pour lui apprendre la discipline, la difficulté consistera à lui donner la possibilité d'une initiative ».

La discipline ne suffit pas pour produire de l'intelligence. Il faut donc s'attacher à déterminer la nature de l'initiative chez les humains et essayer de la copier.

Il admet enfin que son invention n'est pas simple d'utilisation. « Elle est, écrit-il, l'avant-goût de ce qui suivra, une ombre de ce qui va exister un jour, lorsque les machines pourront enfin parler entre elles un langage intelligible. »

Lors d'une interview radiophonique dont il sort totalement découragé par les objections qui fusent, par les sarcasmes qu'il suscite, il s'exclame :

– Il faut que vous en soyez conscients, ce que j'évoque existera, qu'on le veuille ou non, et avant l'an 2000.

Son cahier vert recueille son désarroi : « Je ne suis entouré que de prudents, qui millimètrent leurs efforts et préfèrent craindre l'obstacle plutôt que de le surmonter. Je vois ces personnages bien comme il faut, qui n'avancent que par rapport au jugement des autres. Ceux-là ne grandissent pas dans le danger : ils vieillissent dans la peur. Ils sont avares de leur vie. Ils abandonnent leur destin sous les hourras que provoquent leurs renoncements. Moi, j'avance… »

Lors d'un débat à la BBC, où il est opposé à Jefferson, Alan explose :

– Vous voulez savoir si ma machine peut se mettre en colère ? Vous voulez savoir ce qu'elle aime au petit déjeuner ? Si elle a envie de gagner sa vie ? Eh bien, offrez-moi du temps ! Vous ne parvenez pas à vous projeter dans le futur, monsieur Jefferson. Évidemment, les machines ne sont pas émotives. Et je vais vous dire pourquoi : tout simplement parce qu'elles ne se connaissent pas entre elles. Et alors ? Je suis persuadé que dans moins de cent ans, elles se comprendront les unes les autres, et qu'il sera possible de programmer des ordinateurs avec des capacités de stockage immenses, de sorte qu'un ingénieur aura 70 % de chances de faire une identification correcte après moins de cinq minutes de questions.

Jefferson ne se démonte pas et réplique :

– Ce serait amusant, un jour, Turing, d'entendre à la radio, par exemple, deux machines discuter entre elles des raisons pour lesquelles les êtres humains pensent ce qu'ils pensent, ou encore, deux ordinateurs apprécier ensemble une œuvre symphonique. Amusant et impossible, mon cher Turing…

Les auditeurs avisés sourient : Turing serait-il vraiment un grand naïf ?

– Croyez-vous qu'on écrit un meilleur poème parce qu'on dispose du plus beau stylo ? poursuit, malicieux, Jefferson.

– Mais comment le poète écrirait-il sans stylo ? rétorque Alan. Je crois simplement que la machine peut aider l'homme. Elle ne peut pas le remplacer. On peindra toujours des tableaux à la main, parce que rien n'égale la main. La machine vous fait peur parce que vous pensez qu'elle favorisera la démission de nos propres facultés intellectuelles. C'est votre vision. Moi, je crois à l'effort, à la mémoire, à la main, et je pense que la machine les stimulera quand vous, vous craignez qu'elle ne les anéantisse.

Ni les convictions d'Alan ni ses titres académiques ne le protègent d'un mépris scientifique grandissant. Peu lui importe : être reconnu par ceux que l'on admire n'a pas de prix. Mais être détesté de ceux que l'on méprise a une certaine valeur !

Un chercheur dont les travaux se limitent à prédire l'avenir est un sorcier. Celui qui prouve ses théories est un savant. Or, privé de laboratoire, Alan comprend qu'un piège se referme sur lui. Il connaît le triste sort de certains grands scientifiques interdits d'outils d'expérimentation et progressivement déclassés au rang d'émérites, ou pire : de parasites, de fossiles. La seule façon d'échapper à pareille dégradation, c'est d'obliger la communauté scientifique à débattre de ses thèses.

Il propose un test d'intelligence artificielle se fondant sur la faculté que peut avoir une machine à imiter une conversation humaine. Ce test consiste à mettre en confrontation textuelle un individu face à un ordinateur et un autre individu à l'aveugle. Si la personne qui entame la conversation n'est pas en mesure de détecter qui de l'homme ou de la machine lui a répondu, le test est un succès. Il initie le débat entre l'intelligence réelle et l'intelligence simulée : l'ordinateur se comporte-t-il comme un être humain ?

Il pose la question de la relation entre le créateur et sa créature, entre le pouvoir limité du premier et le pouvoir inconnu de la machine.

Dans sa course à l'invention, peut-être a-t-il néanmoins omis une donnée qui va bientôt s'imposer à lui : les êtres humains se comportent-ils toujours comme des êtres humains ?

19

– La semaine prochaine, nous irons marcher tous les deux dans la campagne. Cela nous fera du bien.

Voici ce qu'Alan m'avait promis le jour où je l'ai vu pour la dernière fois. C'était un dimanche. Le printemps perçait. J'ai souvent repensé à cette journée. Combien de fois ai-je analysé chacun de ses mots, de ses gestes, à l'affût d'un signe que j'aurais pu détecter, d'une phrase annonciatrice du malheur ?

Il était arrivé avec un grand sourire, bien peigné, cravate éclatante au cou. Il portait un costume beige assez ample, avec de larges revers, de grandes poches surpiquées et une pochette rouge. Mon fils avait de l'allure !

La table était dressée, bien sûr. J'avais mis les petits plats dans les grands, sorti une nappe à fleurs, les assiettes du dimanche en porcelaine et des serviettes assorties à la nappe. Pourquoi ? Sans motif, à vrai dire. La prémonition, c'est une lucidité que l'on ne découvre qu'après coup !

Il a pris un whisky avec beaucoup de glace. Je lui avais préparé les plats qu'il aimait : du poisson pané et des œufs à la neige. Il m'a raconté sa semaine avec un peu de détachement. Aucun événement important ne l'avait marqué. Les petits tracas ménagers le préoccupaient. Il pestait contre son teinturier, maudissait sa femme de ménage parce qu'elle déplaçait davantage ses affaires que la poussière… Rien de bien grave. Nous en avons ri. Puis soudain il m'a dit :

– Mon corps est silencieux…

Je lui ai demandé ce qu'il entendait par là.

– Cela signifie que je suis en bonne santé ! C'est seulement lorsqu'on a mal tout le temps au même endroit qu'on est malade.

Sa remarque s'appliquait très bien à mes rhumatismes mais je n'ai pas voulu en parler. Je lui ai demandé s'il pratiquait toujours la course à pied. Sa réponse fut vague, indéterminée. Je n'ai pas insisté. Il avait l'art de glisser d'un sujet à l'autre, pour fuir les confidences ou taire ses déceptions.

– L'électricité, c'est vraiment cher, avait-il lancé subitement.

– Sans doute, mais c'est bien commode, comparé au charbon.

Il ne m'avait pas contredite.

Puis il a évoqué ses travaux scientifiques qui avançaient difficilement :

– Je vais bientôt atteindre le sommet. Mais il me faut encore dépasser quelques crevasses et c'est dangereux. Tu me connais : je suis optimiste. Ils seront bien obligés de prendre mes résultats au sérieux. Mais je dois me méfier de tout et de tous, ajouta-t-il avec ce sourire malicieux que j'aimais tant.

Ce sourire, je ne sais pas de qui il le tenait. Mais j'avais le sentiment qu'il le protégeait de tous les malheurs. C'était un sourire partant des yeux, très tendre, très vif, qui aurait rassuré même le diable.

Je ne comprenais pas les motifs de son inquiétude, mais, comme toute mère, je les partageais néanmoins. Je lui ai conseillé de se reposer, de se détendre :

– On n'a qu'une vie, Alan. Il faut la prendre comme elle vient, mais il ne faut pas la laisser passer comme elle veut ! Tu auras toujours mille raisons d'être inquiet et une seule d'être heureux. C'est cette raison-là que tu dois privilégier.

Il m'a dit que la veille, il était allé à une fête foraine avec des amis et qu'il s'était bien amusé.

– Tu sais, je suis toujours un excellent tireur ! Au stand des carabines, j'ai fait un carton plein. S'il y avait une nouvelle guerre, je serais dans l'élite, m'a-t-il annoncé avant d'éclater de rire.

Mais je préférais qu'on n'évoque plus la guerre. Elle est finie, elle est gagnée, un point c'est tout. Je lui ai dit qu'il ferait mieux de s'amuser aux autos tamponneuses, cela lui apprendrait à conduire un peu mieux. Et il a ri, une fois de plus.

– On prend des coups partout dans ces engins-là, a-t-il objecté. Je ne comprends pas le plaisir que l'on éprouve à se taper les uns sur les autres. Non, ce n'est pas pour moi, et d'ailleurs je conduis très bien, a-t-il conclu.

Au moment du thé, il a pris une cigarette, comme d'habitude. J'ai fait une allusion à sa forme. Je lui ai dit que je le trouvais resplendissant. Il a haussé les épaules, en ajoutant qu'il mangeait trop.

– Je suis lourd. Depuis que je me suis cassé la jambe, je ne cours plus comme avant. Finis, les rêves olympiques. Je ne suis bon qu'à suivre les épreuves dans le journal.

C'est vrai, il était un peu empâté. Mais il était beau quand même, je l'assure !

Puis il m'a interrogée sur John, qu'il n'avait pas vu depuis longtemps. Je n'avais pas de nouvelles récentes. Tout devait donc aller très bien, ai-je suggéré. Nous avons parlé de mes amies. Il était toujours soucieux de savoir si j'étais entourée, si je sortais, si je n'avais besoin de rien. C'était un bon fils.

Il est resté à la maison jusqu'au soir. Il a lu le journal, notamment les pages sportives qui le passionnaient. Il me commentait les résultats d'athlétisme. J'écoutais distraitement. Si j'avais su que je le voyais pour la dernière fois, c'est sûr, j'aurais fait plus attention à chacun de ses mots. Mais tout était banal. Tout était normal et je me contentais de ce qu'il disait. Comment diable aurais-je pu imaginer que sous l'eau calme le désarroi bouillonnait ?

20

– Vous avez un sacré toupet, Turing. Cette fois, franchement, votre ambition est déraisonnable. Même Einstein n'est pas allé aussi loin ! Vous allez vous planter !

Ces phrases qui claquent, ces mises en garde, Alan les reçoit comme d'habitude avec une apparente indifférence.

Que l'un de ses collègues de l'Académie royale juge insensée l'idée qu'il émet, c'est plutôt bon signe, songe-t-il en silence : la confraternité, au fond, c'est le mot élégant pour qualifier les jalousies professionnelles…

Il s'en voudrait presque d'avoir trop parlé.

Mais quoi ? Voudrait-on le voir prendre sa retraite ? Merci, monsieur Turing, vous pouvez disposer ?…

– C'est incroyable, confie-t-il à Robin. La société nous installe dans des boîtes, dans des cases, dans des cages. Elle voudrait que nous répétions à l'infini ce que nous savons réaliser. Elle brise l'initiative, le développement, l'épanouissement. À quoi donc travaille un chercheur, lorsqu'il a trouvé ? Eh bien ! Il cherche encore, mais autre chose, ailleurs… C'est une affaire de nature, de passion, de vocation. Bon, d'accord, mon idée est un peu folle, avoue-t-il. Mais, après tout, n'ai-je pas déjà fait mes preuves ? Ne suis-je pas capable de casser les tabous, de renverser les certitudes, de vaincre les inhibitions qui interdisent tant de découvertes ? Quand acceptera-t-on d'encourager ceux qui travaillent à un avenir différent de ce qu'il promet ?

Son nouveau projet vise à comprendre les mécanismes du développement des organismes vivants. Pourquoi, comment, à quel rythme, selon quelle logique mathématique les formes du vivant croissent-elles ? Pourquoi la spirale d'une pomme de pin, la graine de fleur de tournesol, les stries de certains coquillages s'ordonnent-elles selon une série dans laquelle chaque nombre est la somme des deux précédents ? Pourquoi la quantité de pétales de marguerites est-elle invariablement 34, 55 ou 89 ? Pourquoi la fameuse suite mathématique de Fibonacci, pourquoi cette symétrie, cette suite logique, cette répétition, ne s'applique-t-elle pas à toutes les formes de la vie ?

Voilà la question d'Alan. Son défi.

Il veut expliquer la vie en termes mathématiques et prouver qu'il existe des liens entre la physique et la biologie. Il espère mettre en équations des évolutions qu'on a crues jusqu'alors aléatoires. Il veut découvrir comment grandissent les êtres vivants. Il s'attaque à la morphogénèse, cherche à comprendre l'ensemble des transformations que subit un embryon avant d'acquérir sa forme adulte.

– C'est de la folie pure ! Il faut agréger tant de données, additionner tant de compétences diverses, surmonter tant d'interrogations qu'aucun homme isolé ne serait en mesure de venir à bout d'une telle question, lui répète Robin.

Alan manque-t-il de lucidité ? Qu'importe ! Il se met au travail dans la petite maison qu'il a achetée aux environs de Manchester.

Ce n'est pas un palais. Tout y est simple : la décoration n'a jamais été sa préoccupation. L'ordre y est précaire. Mais enfin… il est chez lui. Se côtoient, sans souci de cohérence, un mobilier familial modeste complété de quelques objets collectionnés au fil de la vie. Un buste de Galilée en bronze, acquis lors d'une vente aux enchères, fait sa fierté.

– C'est fou, explique-t-il à ses rares visiteurs, celui auquel on doit la découverte des étoiles a vieilli aveugle, puni par Dieu si l'on en croit l'Église. Cet homme aveugle avait tout vu…

Son Galilée regardait vers le ciel… Un vase de porcelaine, deux lampes de bureau rapportées d'Amérique, une bibliothèque d'ouvrages dont les reliures ont souffert de lectures répétées : voilà ce qui constitue le trésor d'Alan. Le créateur du premier ordinateur du monde n'est pas un homme fortuné. Il a de quoi vivre, c'est tout. Ni l'athlète qu'il fut ni le savant qu'il est n'ont échangé leurs succès contre des primes. La satisfaction du record et la fierté de la découverte valent toutes les récompenses.

Il se rend épisodiquement à l'université. Il y sollicite les services de la bibliothèque, à la recherche d'ouvrages que nul avant lui n'a parcourus. Il sait, maintenant, l'utilité des travaux produits par d'autres.

Il y croise ses collègues et échange avec eux les banalités de conversations de couloir. Le temps qu'il fait, l'actualité politique et la sempiternelle médiocrité des élèves aux yeux de leurs professeurs constituent l'essentiel de ces discussions sans risques ni lendemains. Les étudiants ne remarquent guère cet homme au regard lumineux et aux vêtements fripés. Ils ignorent tout de cette silhouette qui se tient toujours droite. Alan ne ressemble pas à l'image d'un grand savant, membre de l'Académie royale de Grande-Bretagne. On lui donnerait presque la pièce…

Mais il avance dans son obsession. Une fois encore, une fois de plus, il voudrait prouver sa supériorité. « Un homme sans ambition est un homme mort », écrit-il à Joan, sa vieille confidente, qui se préoccupe parfois de lui. Une des rares fidélités de cette vie aux fondations fragiles et à l'architecture instable.

Parmi les manifestations les plus spectaculaires de la nature, il veut tenter de comprendre les rayures du zèbre, les polygones de la girafe, les taches du léopard. Fasciné par les miracles de l'auto-organisation biologique des espèces, il s'attaque à l'hydre, qui ressemble à une anémone de mer bien qu'elle vive en eau douce et possède cinq à six tentacules. Si l'on coupe l'hydre en deux, chaque partie se réorganise pour former à nouveau un organisme complet. Pourquoi ? Comment ? Alan cherche à modéliser mathématiquement les processus chimiques à l'œuvre dans la croissance des formes de cette hydre d'eau douce. Il pense que ses taches résultent de l'interaction de produits chimiques. Il définit des équations différentielles linéaires dont les solutions donnent six cas possibles d'apparition des taches. Mais tout ce travail, fait à la main, lui prend beaucoup de temps. Avec un ordinateur, il pourrait non seulement calculer plus vite, avec davantage de puissance, mais surtout obtenir des résultats plus convaincants. Persuadé que la tache de l'hydre, comme celle du léopard, est le résultat d'une réaction-diffusion, d'une bataille entre un activateur et un inhibiteur, son objectif est de mesurer ces forces opposées.

Il constate que le rapport de forces dépend de la forme et de la taille de la surface de l'animal. Ainsi, par exemple, une souris n'offre pas de surface suffisante pour accueillir des taches. Les souris sont blanches ou grises, jamais tachetées. Il observe qu'à surface égale, sur une espèce plus grosse que la souris, la forme du corps détermine l'apparition des taches. Ainsi, la queue étroite d'un guépard est rayée, tandis que son corps est tacheté. Il note au passage qu'aucun animal au pelage rayé ne peut avoir de queue tachetée…

Ce volumineux travail va bientôt faire l'objet d'une thèse, qu'Alan compte publier sous l'égide de l'Académie royale de mathématiques. Il sait qu'il va de nouveau secouer violemment des certitudes :

– Cette perspective m'enchante. Provoquer un débat, c'est exister à nouveau aux yeux de mes confrères qui me jugent perdu dans un labyrinthe, explique-t-il à son frère, qui est venu en famille lui rendre visite.

Pendant deux jours, il interrompt ses recherches. Il veut profiter de ce moment de complicité familiale et prouver à John qu'il a, lui aussi, réussi sa vie. Paraître libre et détendu au moment même où se joue à nouveau sa réputation scientifique, c'est, pense-t-il, une bonne manière d'afficher sa confiance en soi. Il parcourt donc Manchester en famille, s'évertue à convaincre son frère et sa belle-sœur du confort de cette ville qu'il n'aime pourtant pas.

– Je suis vraiment heureux de votre visite ! s'exclame-t-il alors qu'ils marchent ensemble dans Sackville Park. Nous allons immortaliser ce moment. C'est si rare que nous soyons réunis…

Alan vient de s'offrir le boîtier de l'appareil photo le plus récent, un Pony 828 de chez Kodak avec zoom et flash. Face à un parterre de fleurs, il organise la pose de la famille au complet et demande à un passant de réaliser le cliché.

– Bien volontiers, lui répond ce dernier, qui prend un peu de recul et demande aux modèles de se serrer davantage entre eux pour rentrer dans le cadre de l'obturateur.

Chacun arbore son meilleur sourire dans le silence qu'accompagne mystérieusement chaque pose devant un photographe… lorsque subitement ce complice de hasard, ce témoin d'un instant rare dans la vie d'Alan, part en courant, emportant ainsi appareil, pellicule et souvenir, sous le regard médusé des deux frères.

– Décidément, il faut que j'apprenne à ne jamais faire confiance à des inconnus, se désole Alan, vexé, et que sa blessure à la jambe empêche de courir comme autrefois.

– Voilà en tout cas une photo que nous n'oublierons pas ! tente de le réconforter John.

Ces deux journées familiales ont éloigné Alan de ses soucis. Elles lui ont fait du bien. Mais en retrouvant sa solitude, la vérité d'une existence morne le submerge.

Il a quarante ans. Sa vie se résume à son travail. Depuis son accident, il ne pratique plus beaucoup de sport. C'est déjà une chance qu'il ne boite pas. Il s'en veut de ce ridicule accident de bicyclette où il a percuté une charrette voilà un peu plus d'un an. Une méchante fracture l'a immobilisé plusieurs semaines après la douloureuse opération de sa jambe.

– J'ai de nouvelles armes, s'amusait-il devant ses amis en brandissant ses béquilles.

Mais son apparente jovialité cachait une épreuve réelle. Il découvrait qu'il ne pourrait plus jamais courir, ni se comparer aux autres lors de compétitions dominicales où il surprenait par sa ténacité et ses succès.

Son nouveau projet de recherche l'a isolé encore davantage de la communauté scientifique. Ses conquêtes masculines sont de plus en plus rares, de moins en moins durables, de plus en plus décevantes. Sa solitude lui pèse mais il ne prend aucune résolution sérieuse pour en sortir. Chaque nouvel an est l'occasion de promesses intérieures qu'il a déjà oubliées le 10 janvier. Il semble accepter la fatalité d'une existence sans bonheur.

Les années passent comme le feu brûle la bûche. Désormais, il subit sa vie plus qu'il ne la domine. Un seul sujet, une seule pensée, lui interdit de baisser définitivement les armes : son travail sur la morphogenèse.

Mais il s'attaque à une montagne trop haute, trop abrupte, trop friable pour trouver des camarades de cordée à la mesure. Tenter, seul, de percer le mystère de la vie, de l'évolution des espèces et de la croissance des organes, c'est peut-être faire preuve de présomption.

Moins ses collègues s'intéressent à son travail et plus il s'y acharne. Ses journées sont longues, tristes, répétitives. La surprise n'est au rendez-vous d'aucun matin. Alan s'ennuie, se lasse, s'assèche. Il n'a personne à ses côtés qui l'aiderait à s'échapper de son obsession, ni d'amis assez disponibles pour aérer ses pensées, soutenir ses efforts.

Tout pour les mathématiques, c'est bien. Mais n'est-ce pas trop ?

« Il faut aussi vivre, se secouer enfin, note-t-il dans son cahier. Je vais essayer de prendre du plaisir, de me surprendre à susciter des situations inattendues, à découvrir des univers inhabituels. »

Aurait-il subitement pris conscience qu'il périssait à petit feu ? Ce sursaut l'étonne lui-même. Il abandonne ses travaux le soir, pour parcourir les quartiers de Manchester, où il croise d'autres solitudes. On discute, on boit un verre, on raconte n'importe quoi, on invente le monde qu'on aurait voulu, qu'on aurait mérité, si, si… Des amitiés de rues ou de pubs se nouent. Ce ne sont pas les pires. On croit se connaître les uns les autres, alors qu'en réalité, on se ment aux uns et aux autres. L'important, c'est de pouvoir parler, rêver, quitter un moment cette vie quotidienne faite, pour la plupart d'entre eux, d'huissiers, de contraventions, de faim, de vols à la tire, d'injures vite oubliées, de soûleries sans mémoire.

À l'issue de journées harassantes consacrées à son défi, Alan apprécie la perspective de ces soirées désordonnées. L'anonymat de la nuit rassure l'académicien. Là, il n'est personne, là, il est tout le monde. La vie devient simple. En général, il approche les hommes par des questions. Il veut les connaître avant de les séduire. Ce soir-là, lorsqu'il rencontre Arnold Murray, il rompt son protocole amoureux. Le jeune homme est sympathique, drôle, sans profession ni principes. La relation est facile et l'entente, immédiate. Alan l'invite à dîner au restaurant. Arnold ne se fait pas prier.

– Je peux t'aider, propose Alan à Arnold, qui ne dispose d'aucun moyen pour subsister.

Ce dernier refuse la main tendue :

– On ne m'achète pas, réplique-t-il.

Une attitude si noble et orgueilleuse ajoute à l'intérêt qu'Alan lui porte. Ils se parlent et se mentent, chacun s'appliquant à embellir son passé sans bonheur et son présent sans joies. Arnold s'invente un cursus universitaire qu'il serait hasardeux de fouiller. Il prétend une embauche imminente dans une banque réputée pour un poste de haute responsabilité. Alan, lui, se présente comme un professeur de faculté sans histoires, à la recherche d'une âme sœur masculine. Arnold comprend, écoute, accepte. Les deux hommes sont parvenus à se croire capables d'une vie commune et d'un destin partagé. Arnold s'installe chez Alan… pour le pire.

Les premières semaines du nouveau couple sont l'occasion de soirées amusantes, d'attentions particulières, de journées apaisées et sereines. Ils rient beaucoup et se promettent tout autant. Ils envisagent de voyager ensemble et d'améliorer le confort de la maison. L'euphorie des débuts est à son comble.

Alan en oublierait presque ses travaux.

Il est rassuré par cette nouvelle conquête qui lui prouve sa capacité de séduction. Il veut croire qu'une vraie histoire est sur le point de se nouer.

Arnold, de son côté, vient de trouver un protecteur sérieux grâce auquel il surmontera cette nouvelle passe de galère. Par temps de disette, Alan présente un argument sérieux d'attachement.

Un soir, avant de sortir comme à l'accoutumée dans un pub où ils iront trinquer leurs chopes de bière, Alan interroge son compagnon :

– Pourquoi me manque-t-il de l'argent dans mon portefeuille ?

– Parce que tu es un mathématicien : une tête en l'air.

– Tu as sans doute raison.

Mais les jours passent et l'interrogation revient, car l'argent manque à nouveau. Alan se fâche. Les sommes en jeu sont minimes. Arnold s'obstine à nier l'évidence.

S'il ne peut pas avoir confiance pour des broutilles, comment Alan pourrait-il s'engager davantage ? Voilà moins d'un mois que le couple s'est formé et il est déjà sur le point d'exploser. À fondations fragiles, avenir impossible. Nouvel échec.

Alan fête seul ses quarante ans. Seul avec sa mère, qui ne pose pas de questions indiscrètes, qui est fière de son fils et sûre d'avoir à ses côtés un véritable prodige. Seul à en mourir.

21

Qui a commis ce crime ? Qui a tué Alan ? Voilà la question qui m'obsède, qui m'accompagne nuit et jour, qui me torture. Aucune mère ne peut accepter la disparition de son fils sans chercher à la comprendre. Aucune mère ne peut trouver le sommeil sans savoir. Comment est-il mort ? A-t-il souffert ? L'a-t-il vraiment voulu ?

Les rapports officiels, les constats judiciaires et leurs conclusions affirment tous qu'Alan a mis fin à ses jours. Mon Dieu ! Comme cette thèse est simple ! Comme elle arrange tout le monde ! Elle évite toute enquête, supprime tout soupçon, éloigne tout coupable. Le seul responsable de sa mort serait mon fils lui-même.

On m'explique que la lettre qu'il a laissée près de son lit est la preuve irréfutable de son acte. On ajoute volontiers, sans trop oser l'exprimer clairement, que sa détresse psychologique, liée au traitement médical qu'il était contraint de subir, l'aurait affaibli et conduit à l'acte fatal. Le témoignage d'un jeune homme, qui se prénomme Arnold, ajoute même que son comportement paraissait étrange depuis un certain temps.

La police évoque un dérangement psychologique. Elle parle de poèmes incohérents, d'attitudes extravagantes, de comportements étranges… Les enquêteurs ont ressorti de vieux rapports où il est question de son homosexualité. « Dans ce milieu, où se croisent des individus excentriques et où se mêlent des couches sociales disparates, les rencontres sont hasardeuses et les pratiques perverses », y est-il notamment écrit. « Alan Turing prend des risques considérables à fréquenter des cercles et des lieux de débauche où sa notoriété et son rang social le placent d'emblée comme une cible intéressante pour un grand nombre de marginaux. Ceux-ci cherchent nécessairement à profiter de son statut pour espérer une forme d'honorabilité et de protection. »

La thèse de l'acte criminel commis par un détraqué mériterait, c'est l'évidence, d'être très sérieusement étudiée. Au lieu de cela, la police conclut à un suicide !

Aucune preuve n'est produite, à l'exception d'une lettre signée d'Alan.

J'ai le droit, moi, sa mère, qui l'ai mieux connu que ces experts tout juste capables de se tromper selon les règles, de dire ma certitude et ma conviction : on a assassiné mon fils.

L'enquête n'a pas cherché bien longtemps à en savoir davantage à propos de ce jeune Arnold. Se sont-ils brouillés, tous les deux ? Une dispute a-t-elle mal tourné ?

Une autre hypothèse, que la police n'a absolument pas approfondie, me semble pourtant encore plus probable. Je suis certaine que les derniers travaux scientifiques d'Alan étaient révolutionnaires. Ils dérangeaient beaucoup de monde. Ils pouvaient gêner bien des situations acquises.

Trop de gens avaient intérêt à l'empêcher d'aller plus loin dans ses recherches. S'il avait publié ses résultats au sujet de la croissance des espèces, il aurait sans doute remis en cause des principes auxquels des groupes d'intérêts sont fondamentalement attachés. Quand on est sur le point de découvrir un système d'explication universelle, on est à la fois le plus grand des hommes, mais aussi le plus redouté, et donc le plus fragile !

Je m'interroge enfin sur le rôle des services secrets britanniques, qui l'ont surveillé si longtemps sans jamais le protéger. Peut-être étaient-ils lassés des multiples filatures qu'exigeait la vie désordonnée d'Alan. Peut-être ont-ils craint, à l'occasion de tel ou tel de ses contacts, qu'il livre un secret d'État à son insu. Le gouvernement a toujours redouté qu'il vende ou donne des informations sur Colossus aux Soviétiques. C'est une hypothèse totalement farfelue lorsqu'on connaît Alan. Mon fils n'a jamais été un traître. Ont-ils pris peur ? Ont-ils reçu un ordre ? Si oui, de qui ? Et pourquoi ?

L'autre jour, un journaliste m'interrogeait sur ce drame :

– Nous avons peu parlé des circonstances de sa mort dans nos colonnes, m'a-t-il dit. Nous pensions qu'il s'agissait d'un accident. À son âge, c'est logiquement la cause la plus fréquente de décès. Le cœur, madame, est un organe si imprévisible…

– Vous aviez peut-être l'obligation d'être discrets, ai-je suggéré.

Il ne m'a pas contredite.

Ce silence m'a glacée, comme un silence de mort.

– Je pense, ai-je poursuivi, qu'Alan était sur le point de découvrir quelque chose de considérable. C'était un redoutable scientifique, capable d'apporter des réponses à des questions que personne n'osait soulever. L'Église avait peur de lui, les hommes politiques aussi. La communauté scientifique le détestait parce qu'il était plus fort qu'elle, parce qu'il ne dépendait pas d'elle.

Mon fils manquait de prudence. Il ne se protégeait pas. Il était bien mal entouré puisqu'il était seul ! Quand les gens n'avaient pas peur de lui, ils en étaient jaloux...

– Vous faites là le portrait du diable, m'a interrompu le journaliste.

Je lui ai alors livré ma conviction :

– Rien n'est plus facile que de maquiller un crime en suicide. Je pense qu'Alan a écrit sa dernière lettre sous la contrainte et qu'on l'a obligé à ingurgiter du poison. D'ailleurs, comment se procure-t-on du cyanure ? Ce n'est pas un produit en vente libre !

– Un scientifique a sans doute les moyens de trouver plus facilement que quiconque des substances interdites, m'a répondu le journaliste.

– Je comprends vos doutes, ai-je répliqué. Mais un point d'enquête me trouble. Personne n'était sur les lieux, en dehors des policiers, le jour où on l'a retrouvé mort. Aucune photo n'a été prise, aucune expertise n'a été lancée pour comprendre les circonstances de son décès.

Le journaliste m'a écoutée avec patience. Il semblait intéressé. Il a pris des notes. Mais aucun article n'a jamais été publié sous sa plume après notre rencontre.

Que pouvais-je faire de plus ? Une femme âgée et seule ne pèse pas grand-chose face à la grande machine de l'État. Un doute, une suspicion ne valent pas enquête, surtout lorsque la police a dit son dernier mot et que le corps est déjà incinéré.

Je ne saurai jamais, ni moi ni personne, si Alan a vraiment choisi de commencer ce jour-là son absence au monde.

22

– Disposez-vous d'indices qui puissent nous aider, monsieur Turing ? l'interroge le policier du commissariat de Wilmslow.

– À vrai dire, aucun indice, répond Alan. J'ai été cambriolé hier soir. Mes papiers n'ont pas disparu. Les dossiers concernant mes recherches n'ont même pas été ouverts. Mais on m'a volé de la nourriture et quelques billets. Je dois donc porter plainte, n'est-ce pas ?

– Vous n'avez aucune idée de la personne qui aurait pu s'introduire chez vous en votre absence et connaître le lieu où votre argent était caché ?

– Il s'agit d'une petite somme, en vérité. Bien sûr, j'ai l'idée d'un possible coupable. Mais je ne peux pas l'accabler sans preuve.

– Sans accuser personne, vous pouvez peut-être me dire dans quelle direction se porte votre suspicion. Cela peut nous aider…

– Il s'appelle Arnold Murray.

– Vous le connaissez ?

– Bien sûr, puisque je vous donne son nom.

– Comment l'avez-vous rencontré ?

– Par hasard, voilà un mois.

– À quelle occasion ?

– Lors d'une balade, un soir, où je prenais un verre dans un pub.

– Pourquoi pensez-vous qu'il a pu vous cambrioler ?

– Parce qu'il était devenu mon ami. Et nous nous sommes séparés voici quelques jours…

Le policier lève la tête, fixe Alan dans les yeux, et lui demande de répéter sa phrase. Alan s'exécute.

– C'est grave ! rétorque le policier. J'ai bien pris votre déposition. Compte tenu de votre déclaration, nous viendrons chez vous mener une enquête.

Alan quitte le commissariat de police avec la satisfaction du devoir accompli. Il ne se laissera plus marcher sur les pieds. Il a donné le signalement d'Arnold Murray. Une bonne correction lui fera du bien.

Les jours passent sans que ce souci l'affecte davantage. « Affaire classée », songe-t-il en se promettant de n'y plus penser.

La police vient chez lui le mois suivant, comme promis.

– Depuis combien de temps viviez-vous en ménage avec M. Arnold Murray ? l'interroge-t-on d'emblée.

Puis les questions se succèdent : cette relation était-elle consentie ou subie ? Avez-vous eu d'autres relations sexuelles avec d'autres hommes ? Quelle était la nature exacte de ces rencontres ? Connaissez-vous la législation anglaise en matière de mœurs, et notamment la loi de 1885 ? Reconnaissez-vous avoir transgressé cette loi et notamment dans son article 11, qui punit d'emprisonnement toute personne s'adonnant à des relations homosexuelles ?

Alan n'en croit ni ses yeux ni ses oreilles. Il passe du statut de victime volée à celui de coupable sexuel sans la moindre transition, sans autre enquête que ses propres aveux. Il se défend, s'explique. Maladroitement, comme si souvent :

– Si c'est une plaisanterie, elle n'est franchement pas drôle, lance-t-il aux policiers.

– Si vos élucubrations sexuelles sont avérées, ce n'est pas drôle non plus, rétorque le plus gradé d'entre eux.

– Je ne vous ai pas ouvert ma porte pour être jugé mais pour que vous me protégiez ! s'enflamme Alan, vexé, dont le timbre de voix trahit l'émotion. J'ai été cambriolé. C'est pour cela que je vous ai alertés !

L'un des enquêteurs hausse les épaules, fixe Alan dans les yeux et rétorque froidement :

– Lorsqu'on enfreint la loi, on est coupable. Nous recevons souvent au commissariat des personnes qui viennent avouer leurs propres délits. C'est la démarche que vous avez suivie. Comme vous le constatez, nous l'avons prise en considération. Les relations homosexuelles ne sont pas tolérées sur le territoire britannique…

Alan est abasourdi. Le voilà, à quarante ans, lui le génie des mathématiques, lui le héros de la guerre, lui l'académicien anglais, sous la menace d'une enquête de mœurs infamante. Il s'affale sur son divan, plonge sa tête entre les mains, se recroqueville, hoquette. Le sentiment que se construit contre lui le procès d'une formidable injustice le submerge et le broie. Ses pensées oscillent entre résignation et révolte.

De quelles armes dispose-t-il, sinon celle de sa bonne conscience ?

Il se lève, parcourt en tous sens son salon, fixe chaque détail de la pièce, puis se rassoit, abattu. Les policiers n'ont pas remarqué la médaille militaire, posée sur le buffet, ni les deux diplômes encadrés, qui font la fierté de sa mère, lorsqu'elle vient lui rendre visite. Il est là, seul au milieu de ses preuves de travail et de civisme, en face de reliques qui, déjà, prennent l'allure de vestiges.

Où sont les amis, les relations, les défenseurs possibles de sa cause ? Qui pourrait le tirer de ce mauvais pas ? Où sont les boucliers, les paravents, les bunkers, enfin bref, ces armes protectrices que l'on croit solides tant qu'on ne les utilise pas…

Dans son esprit se bousculent les conséquences inévitables d'une éventuelle condamnation. Il entend déjà les rires sous cape de ses collègues sur son passage, devine ces mains qui ne se tendront plus, ces visages qui se crisperont, ces conférences devenues impossibles, ses travaux jugés indignes, sa réputation d'homme intègre balayée par un soupçon de perversité. Il voit les portes se fermer, les académiciens le répudier, ses camarades l'éviter, ses voisins le montrer du doigt, sa mère s'indigner… Il imagine même qu'Arnold, informé de son malheur, trouvera une occasion de venir le narguer dans l'enceinte d'un tribunal, devant sa porte ou celle d'une prison…

Quelle faute a-t-il donc commise, lui qui ne s'est jamais exhibé, n'a pas soutenu publiquement la cause homosexuelle, n'a trahi ni la Couronne ni son pays ?

« Je crois comprendre hélas qu'aucun argument ne sera mis à mon crédit. Plus je m'excuse, et plus je livre des éléments de preuves qui m'accablent ! écrit-il dans son cahier. Me voilà lion en cage : épris de liberté et entouré de barreaux, habitué à me mouvoir en toute discrétion et promis aux regards d'un public de zoo d'autant plus sévère ou hilare qu'il me saura enfermé. »

Il tente une ultime démarche, avec la naïveté d'un honnête homme, et propose de retirer sa plainte contre Arnold Murray. Il pense qu'ainsi, la procédure judiciaire s'éteindra.

Mais la machine est lancée. Il est trop tard. L'acte d'accusation est déjà rédigé.

« Quelle promptitude! s'étonne-t-il dans une lettre adressée à son frère. Le cambrioleur, lui, court toujours! Et moi, il paraît que je risque deux années de prison. »

La torture peut commencer. Il va l'affronter de face : « Un défi de plus, que je dois remporter », note-t-il.

Doit-il plaider coupable ou non coupable? Les statistiques judiciaires de l'année précédente sont sans appel. Celui qui plaide non coupable est davantage sanctionné que le prévenu qui admet son délit. John lui conseille l'aveu. Alan hésite, puis se cabre et, finalement, se rebelle : il choisit de plaider l'innocence.

Sa nature même est contenue dans cette posture. Jamais il n'a aimé l'ordre ou les ordres. L'obéissance lui semble une attitude de faible et de peureux. Que craint-il, après tout? Depuis toujours, il refuse les lois de la meute et la résignation du troupeau. Il a peut-être enfreint la loi de la société, certes, mais pas la sienne.

Il arrive à son procès avec la ferme intention de convaincre ses juges. Il veut dire la vérité et tenter de la faire comprendre, parler avec ses propres mots, et non dans le jargon des codes et des jurisprudences. Il se lance dans une bataille perdue d'avance. Il se présente donc dans sa sincérité et confirme les faits qui lui sont reprochés.

– Je n'ai menti à personne. J'ai agi selon mon cœur, si toutefois il est possible de vous convaincre qu'il bat aussi dans le corps d'un mathématicien…

Sourires dans la salle, lassitude des magistrats, habitués à ces élans lyriques, arguments ultimes des futurs vaincus.

Alan multiplie les détails de ses amours, confirme ses habitudes et ses antécédents, dévoile sa méthode de séduction et suggère pour conclure que tant de franchise soit récompensée par une décision clémente. Le secret est livré. Tout lui semble plus net.

Il compte sur de la compréhension, il obtiendra un jugement. Entre la sincérité d'un homme et l'hypocrisie de la société, c'est bien sûr la société qui l'emporte. Entre le sentiment d'impunité d'Alan et le devoir de condamner de ses juges, c'est la parole du droit qui triomphe.

– Vous êtes l'insolence et la provocation personnifiées, lui lance le président dans une charge sans pitié. Vous méprisez les conventions et insultez la société.

Alan est venu ici sans avocat, avec l'insouciance de tous ceux qui n'ont jamais eu affaire à la justice.

Mauvais choix. Avec sa voix qui le trahit, ses mots mal calibrés, son attitude tantôt revêche et tantôt soumise, il n'est bientôt plus qu'un gladiateur sans bouclier, un alpiniste sans crampons. Il s'est interdit l'éloquence d'un professionnel qui aurait pu séduire et convaincre, tandis que ses phrases ont ennuyé et parfois même gêné l'auditoire.

La sanction tombe au nom de Sa Majesté.

Un an de prison ! Pas de demi-mesure. Pas de circonstances atténuantes. Pas d'indulgence pour le héros d'hier malgré ses états de service. Pas de sursis non plus, malgré sa certitude d'innocence. Le cas Turing présente trop d'antécédents lourds et indiscutables.

– C'est le procès Dreyfus de l'homosexualité, commente l'un des nombreux spectateurs présents dans la salle d'audience.

– C'est une honte, soupire le professeur von Neumann, venu exprès soutenir par son témoignage le meilleur de ses anciens élèves.

On octroie juste au condamné un aménagement : la peine ferme de prison peut se transformer en liberté conditionnelle s'il accepte un suivi médical strict.

La séance est levée. Le destin d'Alan est scellé.

Personne n'a applaudi dans la salle. Ce fait divers n'est pas repris dans la presse, que la justice n'a pas voulu convoquer. Ce sera bien la seule clémence que le pouvoir aura accordée au coupable. Sans doute au nom des services rendus…

Il s'effondre. Ses épaules sont lourdes et ses jambes, molles. Un coup de poing en pleine tête l'aurait moins sonné. Il se lève et remonte les rangs du public, traverse les travées de curieux en évitant leurs regards et rejoint la porte du tribunal, honteux comme s'il portait sur son poitrail et dans le dos des pancartes avec l'inscription en gras : « Homosexuel ».

Il est coupable d'indécence grave et de turpitude morale, selon les mots de la cour. Le déshonneur rentre dans sa vie par la grande porte. La castration chimique qu'il doit subir dans un hôpital d'État à Manchester devrait, prétendent ses juges, le ramener dans le droit chemin. Elle va le désorienter. Il écrit son désarroi à un ami, les contraintes du contrôle judiciaire, l'obligation de se soumettre à des traitements censés réduire, provisoirement espère-t-il, son appétit sexuel.

Comment reprendre le travail, lorsque tout son esprit fulmine d'un désaccord, d'un malentendu, d'un déshonneur, d'une punition imméritée ? Comment se concentrer dans des abstractions complexes, lorsque chaque jour on scrute son corps pour se rassurer ? Lorsque sans cesse on sent autour de soi la gêne qu'on provoque par sa seule présence ? Comment servir une société qui transforme un citoyen volé en délinquant majeur, un héros trop discret en banni officiel ?

« Ils n'ont plus besoin de moi, se plaint-il auprès de son frère dans une longue lettre. Je suis devenu un homme sans importance. Je n'ai plus d'avenir. Ils l'ont brisé. »

« Détrompe-toi, le rassure John. Ils n'ont pas convoqué la presse à ton procès. Ils ne sont pas fiers d'eux-mêmes. Ils savent que tu es un grand homme et n'osent pas trop se vanter de leur jugement. C'est à toi de relever la tête. Eux, désormais, ils la baissent... »

Cet encouragement fraternel le rassure provisoirement. Il répond à John : « On est toujours tenté de croire que l'événement qui vous atteint n'est jamais arrivé qu'à soi. Mais quelques témoignages que je reçois me ramènent au constat que je ne suis pas seul. Je suis juste un genre que nos mœurs combattent. Entre nous, on ne s'est pas posé tant de questions à mon sujet, lorsqu'il s'agissait de combattre les Allemands... »

Poursuivre la tâche ? Faire abstraction d'une punition qui le dévore et l'inquiète ? Diable ! Comme cela est difficile.

Il tente de se persuader qu'en travaillant sur les règles de la croissance du cerveau, il échappera à la bêtise des hommes.

Fuir un temps ce pays qui le méprise : c'est le projet qu'il forme, la résolution qu'il prend. Il part en Scandinavie où les mœurs sont, dit-on, plus libres. Les services secrets qui le suivent sont sur les dents. Ils ne cachent plus leur présence, espérant ainsi décourager l'esprit d'aventure d'Alan. Mais que peuvent-ils contre ses agissements, puisque la loi norvégienne les autorise ? Il fait quelques rencontres sans lendemain.

Désormais, son objectif n'est plus d'être aimé pour toujours, ni même pour longtemps. Il veut juste être préféré un instant, un soir. Cette course à la conquête éphémère est une compétition comme une autre. Parviendra-t-il à séduire le beau Kjell, rencontré dans une boîte de nuit ? Ou Bjorn, croisé dans une gare ? Ou Kris, le vendeur brun de la librairie ? Une nouvelle vie plus légère peut-elle enfin commencer ? Le bonheur, sur terre, après tout, n'est peut-être qu'un malheur consolé…

Mais le corps d'Alan s'est transformé. Il est plus lourd, moins fin. Le traitement chimique auquel il est contraint change sa physionomie. Sa fracture de la jambe l'a diminué. Il se dégoûte lui-même, à voir des seins paraître là où les muscles lui donnaient un poitrail d'athlète. Le voilà mou, flasque. « Pas assez de sport, trop de médicaments », juge-t-il. Il espérait la conquête. Il découvre l'insuccès. « Dès que ma peine sera achevée, je me remets au sport », se promet-il sans trop y croire.

Sa nature n'est pas au renoncement. Il veut se battre, même s'il sent que tout glisse autour de lui. Il comprend que l'âge, les échecs sentimentaux, les critiques professionnelles creusent doucement autour de lui les pièges de l'abandon. Alan s'y refuse de toutes les forces qui lui restent. Le plus urgent, c'est de reprendre confiance en soi. Les travaux scientifiques peuvent attendre. Il doit impérativement se rassurer, séduire, plaire.

Il s'envole vers Corfou. La Grèce lui semble offrir toutes les garanties d'une réparation morale. L'histoire, le climat, les tempéraments lui sont *a priori* favorables. Il découvre la Méditerranée avec éblouissement. Les journées de soleil et de visites, les soirées de promenades et de rencontres débouchent pourtant sur un amer constat : même quête d'aventure qu'en Norvège, même résultat pitoyable, même supplice intérieur.

Il n'est plus lui-même et songe un temps à en finir. « Il faut savoir lâcher une corde plutôt que de se brûler les mains », écrit-il à Joan. Socrate s'invite dans ses pensées. Le dernier dialogue du philosophe grec le perturbe :

– Pourquoi es-tu heureux de mourir, Socrate ?

– Parce que je vais cesser, enfin, de ne pas comprendre, réplique le sage.

Alan non plus ne comprend pas. Il ne comprend plus ce monde qui travaille à la bombe H en affirmant qu'elle augmente les chances de la paix. Il ne comprend plus cette société qui condamne à mort, en Tchécoslovaquie, en Roumanie, les intellectuels qui ne pensent pas comme le pouvoir. Il ne comprend plus ces policiers qui le suivent dans ses cavales, de peur qu'il ne venge sa condamnation en dévoilant ses secrets de savant…

Retour à Manchester. Journées longues, lentes, inutiles. « Pourquoi continuer de chercher, puisque personne n'entendra ni n'acceptera les conclusions de mes travaux ? » se demande-t-il. Il se juge épave, il étouffe. « On m'évite. On m'éloigne. On me montre du doigt. Je dois raser les murs, se plaint-il. Quand les gens engagent la polémique avec vous, c'est la preuve que vous êtes vivant, ajoute-t-il. Or plus personne ne se soucie de moi, ne me lit, ne m'écoute ou ne me consulte. »

Son drame, c'est d'avoir subitement l'impression de ne compter pour personne.

Il envoie quatre cartes postales à son ami Rob Gandy. Elles ont pour titre : « Messages du monde invisible ». Avec son écriture impossible, il lui explique qu'il travaille sur le « principe d'exclusion » inventé par le mathématicien Pauli selon lequel deux électrons ne peuvent se situer au même endroit sans provoquer un court-circuit. « Il faut éviter les contacts », conclut-il, énigmatique. Sentiment d'être de trop ? Désir de fuite ?

S'en veut-il, en cet instant, de n'être jamais parvenu à construire une vie sociale solide et diverse, qui l'aurait aidé à traverser les épreuves ? Il a négligé d'envoyer ses vœux à chaque nouvelle année, d'adresser des remerciements en toutes occasions, de répondre aux invitations les plus diverses, de se rendre à des anniversaires, à des commémorations, à des inaugurations : à tous ces rendez-vous qui tissent des liens dont l'artifice ne dépend que de soi. Il a avancé sans jamais chercher à appartenir à aucun groupe plus fort que le temps.

L'exercice d'introspection auquel il se livre le plonge dans le désarroi. À son âge, il n'a pas d'enfant, pas de famille, sauf une mère dont il ne sait plus s'il la voit par amour ou par devoir. Il n'a ni compagnon ni responsabilité professionnelle. Ses découvertes scientifiques sont devenues des lieux communs. Ses recherches actuelles sont perçues comme chimériques. « Je gouverne un désert », se lamente-t-il.

Il a consacré sa vie à ses travaux. Mais il les perçoit aujourd'hui comme un amas d'espoirs déçus, et non le monument d'unité qu'il imaginait.

– Chaque jour ressemble à un dimanche. J'attends le soir toute la journée, avoue-t-il à Rob, qui a tenu à lui rendre visite et comprend son désarroi.

Alan tente de résister à la pesanteur qui l'attirerait si facilement dans une chute vertigineuse. Il lutte pour se reprendre, croire encore un peu aux vertus du temps qui passe et panse les plaies.

Dimanche, tiens, justement! Ce jour-là, il va à la foire de Blackpool avec un couple d'amis. La journée est radieuse. Ils sont arrivés tôt, un peu comme des enfants impatients de participer à la fête et de découvrir avant les autres les plus belles attractions. Il ne manque rien. Ni les tracteurs, ni les animaux, ni les concours de toutes sortes, avec les carabines, les hommes de force et les manèges. C'est le brouhaha et la poussière. Il parcourt les allées avec enthousiasme, perd plusieurs fois ses amis dans des attroupements qu'il doit fendre de grands gestes désarticulés pour les retrouver. La journée avance dans la joie. Il ne se reconnaît pas.

– Viens, allons jusqu'à la roulotte de la reine Gitane qui dit la bonne nouvelle, lui propose Franck.

Le charme de cette femme aux longs cheveux noirs tenus par un foulard le met en confiance.

– Je lirai votre avenir dans vos mains, lui promet-elle.

Alan trouve cela très drôle. Il donne son prénom et sa date de naissance. Il s'assoit et attend.

Reine Gitane se penche sur sa main. Mais elle se relève aussitôt.

– Je n'aime pas ce que je vais vous dire, Alan. Peut-être vaut-il mieux que nous n'allions pas plus loin.

– Au contraire ! Au contraire ! proteste-t-il. Je suis venu jusqu'à vous pour savoir !

Reine Gitane dit quelques mots : souffrance, santé, vide, oubli...

– Est-ce que je me trompe ? l'interroge-t-elle. Vous êtes un natif du signe du Cancer. Vous êtes un rêveur qui a besoin d'être aimé. Et j'ai le sentiment qu'actuellement, vous avez besoin d'être aidé.

– Non, vous ne vous trompez pas !

Elle prononce des mots en cascade : nuage, torture, incompréhension, sombre, noir, glissant, froid, seul, trou, nuit, mal, peine, doute, perte, échec... et puis d'autres, encore, qu'il a déjà oubliés.

Alan quitte la roulotte, abattu. Reine Gitane lui a tout raconté de son passé, et un peu de son avenir.

– Ça ne sera pas long, lui avait-elle promis pour l'inciter à s'approcher de la roulotte.

– Ce ne sera pas long, confirme Alan, en rentrant chez lui, ce soir-là, fourbu. Mais cette fois-ci, c'est de son avenir qu'il parle.

23

Sa dernière lettre, écrite au soir du 7 juin 1954, je la conserve bien sûr. Je la relis souvent. Je la connais par cœur. Ces lignes de la dernière heure ne sont adressées à personne : elles concernent tous ceux qui veulent prendre le temps de les lire. Il a dû pleurer une bonne partie de la nuit, avant de poser la feuille sur son guéridon, à côté du poème *Casabianca* qu'il avait appris tout petit :

Le garçon se tient debout sur le pont en feu,
Duquel tous sauf lui avaient fui,
Les flammes éclairant les débris de la bataille,
Brillaient autour de lui au-dessus des morts…

La poétesse exalte ici l'héroïsme d'un enfant plongé dans une guerre qui l'effraie. À trois reprises, il demande à son père de quitter son poste. Mais son père ne répond pas et le petit garçon reste à sa place. Il s'aperçoit soudain que son père est mort. Mais il est trop tard… Trop tard, pour celui qui a fait confiance. Trop tard, quand tout flambe en soi et que tout s'embrase alentour. Trop tard, quand tout l'équipage s'est détourné, a déguerpi, et que l'on est seul face au désastre. Ces lignes de Felicia Dorothea Hemans, à elles seules, expriment le drame d'Alan.

Voici donc le testament de mon enfant, qui est « parti sans souffrir », selon les policiers…

« Ce soir, je vais mourir. Ce soir, j'en aurai fini avec ma vie et avec vous tous. Rien ne me contraint à disparaître, ni personne. Mais tout m'y conduit. Par raisonnement, je préfère un mal immédiat à un mal différé. J'ai un peu peur, parce que je ne sais ni la durée ni le degré de souffrance à affronter. Mais j'ai tellement besoin de m'échapper, de me quitter. Il suffit de penser à ce que ma vie est devenue pour me comprendre… Tout est prêt. J'ai tout rangé. La maison est propre. Mes papiers sont classés. Je n'ai pas d'enfants : c'est Maman qui devra s'occuper de tout. Pardon, Maman.

Lorsque j'aurai fini d'écrire ces lignes, j'irai m'allonger sur mon lit. Je poserai ma tête sur l'oreiller. Une dernière fois, je fixerai chaque coin de cette chambre qui m'a parfois protégé et souvent enfermé. Tout est à moi. Rien n'est beau : je ne suis pas fait pour l'apparence. Et puis quoi ? N'est-ce pas ici aussi lugubre que les dernières années de ma vie ?

Je m'endormirai dans des draps blancs, propres, repassés.

Toutes les précautions que j'ai prises sont ma façon d'opposer un peu de dignité aux humiliations que les médecins et les policiers qui rentreront les premiers ici me feront sans doute subir. Ils ne pourront rien salir de mes pauvres secrets d'homme abandonné. Maman pourra les regarder la tête haute, sans craindre pour sa réputation ou pour la mienne. Elle ne mérite pas qu'on la méprise, elle dont la vie fut si difficile et si triste.

Puis j'éteindrai la lumière et je croquerai ma pomme, comme je le fais chaque jour. J'ai toujours aimé les pommes. C'est un fruit de sportif. J'aime les Calville blanches et leur aspect cireux, les Early Joe qui sont si tendres et si juteuses, les Golchard très croquantes, les Goldens et leur couleur verdâtre qui tend au rouge côté soleil, les Hampshire Yellow avec leur chair blanche. Mais ma pomme préférée, c'est la Macintosh avec ses larges côtes souvent difformes. Elle a l'épiderme dur, lisse et épais. Sa chair vert blanchâtre est fine, juteuse et sucrée. C'est une Macintosh que j'ai choisie pour ce soir. C'est la pomme que la sorcière avait préparée pour Blanche-Neige.

Je n'entends pas m'excuser de mon geste. Pourquoi se justifier quand on prend une décision qui ne concerne que soi-même ? N'ai-je pas le droit de tuer le tout, puisque je ne parviens pas à tuer une partie ?

Je suis prêt.

Ce soir, je vais mourir et je suis bien. L'heure de ma délivrance va sonner. Je vais échapper enfin à mon corps qui ne me répond plus, m'éloigner de tous les miroirs qui sont devenus mes ennemis. Je ne ressemble plus ni à ce que je fus ni à ce que je voulais être. Le temps m'a usé. La médecine m'a détruit. Sans cesse m'accompagne telle une ombre la masse difforme qui m'appartient. Ce n'est pas le regard des autres qui me blesse : c'est le mien qui me tue.

Ce soir, je vais mourir et je suis bien seul. Seul à savoir ce qui va m'arriver dans quelques instants. Seul à connaître les gestes qui me séparent de la mort. Seul à savoir ce que j'ai apporté aux autres et ce qu'ils m'ont pris. Seul comme je l'ai toujours été depuis l'école, où l'on se moquait déjà de moi. Seul à avoir choisi le cyanure dans la pomme, plutôt que la corde, le pistolet ou la chute libre. Seul à connaître la dose à injecter. Seul sans Christopher, dont c'est aujourd'hui le jour de fête. Seul, donc, pour signer ici mon dernier mot : celui de ma fin. »

24

SIMONE, LA GOUVERNANTE, arrive trop tard, ce 8 juin au matin, devant la maison d'Alan. Les scellés sont déjà posés sur la porte. Le livreur de lait est passé et a déposé une bouteille, comme chaque jour, sans rien remarquer d'anormal. Au petit matin, pourquoi aurait-il levé le nez jusqu'à la serrure ?

Mais Simone, elle, comprend que quelque chose d'inhabituel a eu lieu. De fines tiges de fer sont tenues entre elles par de la cire qui obstrue le verrou. Elle replonge dans sa poche la clé devenue inutile et se rend immédiatement par le bus chez Ethel Turing.

Dieu ! que ce trajet est long. Elle porte un lourd sac qui était destiné à Alan : du linge propre et quelques aliments achetés, comme chaque semaine. Et même un bouquet de fleurs, car Alan adore les marguerites et c'est justement la saison. Simone est inquiète. Elle connaît la vie particulière de son employeur. Elle n'en parlerait à personne, ça c'est sûr, pas même à son mari ! C'est trop difficile à porter, ce secret d'un homme qui aime les hommes. Elle pense qu'à jouer ainsi avec le feu depuis si longtemps, il était inévitable qu'un jour il se passe quelque chose. Elle pense que les relations entre hommes sont violentes, et donc dangereuses. Elle craint que la police n'ait débarqué chez lui sur la dénonciation

Achevé d'imprimer
sur Roto-Page
par l'Imprimerie Floch
à Mayenne, en septembre 2013.
Dépôt légal : octobre 2013.
Numéro d'imprimeur : 85232.

Imprimé en France

Pour en savoir davantage sur Alan Turing, je recommande notamment les lectures d'*Alan Turing, l'homme qui a croqué la pomme* de Laurent Lemire (Hachette Littératures, 2006), d'*Alan Turing, l'homme qui inventa l'informatique* de David Leawitt (Dunod, Quai des Sciences, 2007), de *L'Intelligence artificielle, histoire d'une recherche scientifique* de Frank Rose (Payot) et, naturellement, de l'ouvrage réédité en 2012 *Alan M. Turing* de Sara Turing (Centenary Edition, université de Cambridge).

Remerciements

Rendre hommage, c'est prendre parti et se ranger dans un camp. Ce choix d'auteur explique que toutes ces lignes soient vraisemblables sans toutes être vraies. C'est le propre d'un roman.

J'ai dû plonger dans les innombrables témoignages, rapports, thèses, livres, en anglais ou en français, que l'incroyable vie et l'épouvantable oubli d'Alan Turing ont suscités, pour éviter des contresens dans la matière mathématique qui n'est pas la plus accessible au commun des auteurs. J'ai tenté de placer au cœur de ces lignes beaucoup d'admiration et autant de regrets à l'égard d'un destin qui mérite un peu de célébrité. Le 19 juin 2013, le gouvernement britannique a présenté un projet de loi visant à accorder le pardon posthume à Alan Turing… À le lui accorder ou à le lui demander ? Le débat, décidément, n'est pas clos.

Héloïse d'Ormesson et Gilles Cohen-Solal, en me témoignant à nouveau leur confiance et en prodiguant leurs conseils, ont grandement contribué à transformer l'hommage dû à un génie en un roman destiné à le rendre encore vivant. Sarah Hirsch, Philippe Levrier, Yves d'Hérouville ont, chacun avec son talent et ses conseils, accompagné ce projet.

avait eu du mal à dessiner une pomme qui ne ressemble ni à une cerise ni à une tomate.

Partout dans le monde, on s'était interrogé mille fois sur le miracle de cette image à la fois biblique et alimentaire, qui portait les succès commerciaux de la firme informatique.

En ce jour d'août 2010, alors qu'il va bientôt mourir, le regard de Steve Jobs s'illumine un instant. Seul dans cet immense salon dépouillé, il imagine le futur siège de son entreprise. Il l'a appelé « Nuage ». C'est le premier obstacle vers le ciel, songe-t-il.

Il sait que les mots et les images ont un vrai sens. Aujourd'hui, pense-t-il tandis qu'un étourdissement le saisit, je crois que j'oserais. J'oserais assumer publiquement que le logo de la pomme croquée est bien celui de la Macintosh qu'Alan Turing avait choisie pour sa dernière nuit.

célestes et bien d'autres découvertes. Mais il trouvait la référence un peu vieillotte et convenue.

Il connaissait les travaux d'Alan Turing. Ce personnage l'intriguait parce qu'il avait été un immense explorateur de la pensée et qu'on avait raillé ses théories sur la machine intelligente avec une arrogance indécente. Steve estimait d'ailleurs qu'Alan s'était mal défendu. Il trouvait terriblement dramatique qu'un tel talent ait été condamné, puis oublié, par ceux-là mêmes qui avaient bénéficié de ses travaux. Steve répétait souvent que l'université combattait les génies qu'elle fabriquait.

Quand il fallut déposer un nom pour créer la société, puis ensuite un logo pour vendre ses computers, il se souvient avoir aussitôt voulu rendre hommage à Turing. La pomme croquée, c'était celle de Turing. Les couleurs de l'arc-en-ciel des premiers logos, c'était une manière discrète de saluer l'homosexualité du mathématicien britannique.

Avec le recul, plus de quarante ans après le lancement d'Apple, Steve Jobs ne regrettait rien de ce choix.

Bien sûr, il avait laissé planer le doute sur la manière dont son logo avait été inventé. À ceux qui voyaient dans la pomme croquée son propre passé de végétarien, il laissait l'illusion d'avoir trouvé le secret.

Ceux qui pensaient à New York, aux Beatles, à Guillaume Tell, à Ève n'étaient pas davantage contredits dans leurs hypothèses.

Les professionnels de la publicité avaient longuement interrogé le créatif de l'agence de Palo Alto, Rob Janoff, dessinateur ultime du logo définitif. Ils avaient retenu de leur enquête que le jeune créatif

Nous sommes en août 2010.

Steve Jobs vient d'achever la lecture du livre de Mme Turing. Il le pose doucement sur sa table de chevet. Il est fatigué. Le cancer a encore fouillé dans ses forces. L'avenir lui semble chaque jour davantage une hypothèse. Il a dû se battre contre lui-même, pour se concentrer sur ces pages d'une histoire dont il ne connaissait pas tous les détails.

S'il avait su tout cela à l'époque de la création d'Apple, aurait-il changé d'avis ?

Il se remémore sa discussion avec Ronald Wayne, alors son troisième associé. Le sujet portait sur le logo de l'entreprise.

Les premiers appareils portaient une plaque sur laquelle était dessiné, dans un style victorien, un arbre abritant Newton, avec un petit texte d'inspiration poétique en forme de maxime : « Un esprit voyageant pour toujours sur les mers étranges du savoir… seul. » Steve trouvait cela trop intellectuel et prétentieux.

Il ne contestait pas l'importance scientifique de Newton. Au fond, le monde entier lui devait l'élaboration scientifique du calcul infinitésimal, la loi universelle de la gravitation et de l'attraction

Les interrogations des deux femmes se font face. Le silence remplit la pièce. Respirer, reprendre son souffle, surmonter l'émotion qui est trop vive et trop brutale : c'est ce qu'elles tentent de partager.

Ni Ethel ni Simone ne savent encore que, dans son agenda, Alan a noté, pour le 8 juin après-midi, de se rendre chez les Clayton, ses amis qui habitent à Styal.

Elles ignorent aussi qu'une carte postale destinée à Robin est restée sur son bureau. Quelques mots griffonnés à l'encre bleue, qui prennent dès lors l'allure d'un testament :

« Messages du monde invisible : à jamais, les mathématiques traverseront l'espace et le temps, comme Dieu. »

d'un voisin écœuré par ce manège masculin. Elle imagine qu'Alan a été perquisitionné, puis emmené pour une enquête plus poussée au commissariat du quartier. Elle se demande si ce genre de procédure dure longtemps. Alan risque-t-il quelque chose ?

En descendant du bus, elle refait rapidement son chignon, prépare ses phrases pour alerter Mme Turing sans trop l'inquiéter.

Elle expliquera… Mais elle expliquera quoi, au juste ?

Simone hésite. Peut-être a-t-elle tort de s'angoisser comme cela. D'ailleurs, elle va simplement dire à Mme Turing qu'elle n'a pas eu le temps de passer chez Alan et qu'elle lui dépose ce qu'elle devait apporter à son fils, y compris les fleurs.

Tiens, oui ! Elle va même offrir le bouquet de marguerites à Ethel Turing, comme si elle avait eu une pensée pour elle.

Ce sont les fleurs qu'elle tend d'emblée lorsque la porte s'ouvre. Elle arbore le sourire timide d'une personne qui apporte un cadeau inattendu.

– Vous savez donc déjà ? l'interroge Ethel qui se tient droite, le visage blême.

Simone ne comprend pas.

– Il est mort, dit juste Ethel.

– Ce n'est pas possible ! Pas lui ! Pas lui ! répète Simone, soudain embarrassée par ce ridicule bouquet.

Elle rentre dans l'appartement, pose le sac de vêtements sur la chaise d'entrée, puis se retourne vers Ethel qu'elle embrasse. Elle ne pose aucune question.

Ce doit être un accident, se dit-elle. Les scientifiques font toujours des expériences et, parfois, ça tourne mal. M. Turing n'était peut-être pas un si bon bricoleur que cela…